KB151391

저도 의학은 어렵습니다만

저도 의학은 어렵습니다만

2020년 5월 29일 초판 1쇄 발행
2022년 5월 09일 초판 3쇄 발행

지은이 예병일
펴낸이 조시현
펴낸곳 도서출판 바틀비
주소 04019 서울시 마포구 동교로8안길 14, 미도맨션 4동 301호
전화 02-335-5306 팩시밀리 02-3142-2559
이메일 bartleby_book@naver.com
출판등록 제2021-000312호

스마트폰 카메라로 아래의 코드를 스캔하면 바틀비 홈페이지, SNS로 연결됩니다.

홈페이지
bartleby.co.kr

블로그
blog.naver.com/bartleby_book

페이스북
www.facebook.com/withbartleby

인스타그램
www.instagram.com/withbartleby

ISBN 979-11-964869-9-0 03470

책값은 뒤표지에 있습니다.
잘못된 책은 구입하신 서점에서 바꿔드립니다.

예병일 지음

바틀비

서문

흰 가운을 입은 의사, 유니폼을 입은 간호사, 청결한 병원, 수술 전에 손을 벅벅 씻는 의사, 교수를 따라 회진을 도는 의대생들, 수술 전 환자를 마취하는 마취과 의사. 의학 드라마에서 흔히 볼 수 있는 모습이다.

그런데 의료진과 병원이 지금과 비슷한 모습을 갖추기 시작한 것은 최근의 일이다. 인류가 질병을 어느 정도 치료할 수 있게 된 것은 길게 잡아도 2백여 년밖에 되지 않는다. 세균의 존재를 모르던 시절, 의사들은 씻지도 않은 맨손으로 수술을 했다. 마취제가 발명되기 전에 환자들은 고통을 참기 위해 술이니 마약성 약초에 의지했으나 고통이 너무 커 실신하곤 했다. 혈액형이 발견되기 전에는 수혈이 불가능했으므로 사람은 피를 많이 흘리면 죽을 수밖에 없었다. 산모가 아이를 낳은 후 출혈로 목숨을 잃는 일이 많았지만 아무 손도 쓸 수가 없었다.

인류가 질병과 싸워온 역사가 쌓이고 쌓여 오늘날 의학의 모습이 되었다. 현대 의학은 과학기술을 이용해 혁신적인 발전을 이룰 수 있었다. 질병의 원인을 알아내고 치료법을 찾기 위해 똑같은 실험을 수백 번씩 하고, 콜레라균을 들이켜고, 성병 환자의 고름을 자신의 몸에 주입한 의사와 과학자들, 의학 발전을 위해 실험에 참여한 환자들 덕분에 무서운 속도로 의학 지식과 기술을 축적해나가기 시작했다. 의대생들이 해부학, 생리학, 생화학, 미생물학, 약리학, 세포생물학, 분자생물학, 유전학, 면역학 등을 기본적으로 공부하는 것은 기초의학의 발전이 의학 발전에 큰 획을 그어왔음을 반영한 것이다.

한편 의학은 사람을 공부하는 학문이기도 하다. 사람의 몸과 마음뿐만 아니라 사람이 속한 사회도 공부해야 하는 학문이다. 어떤 증상이 질병인가 아닌가는 그 사회의 관습과 문화에 따라 결정된다. 어떤 사회에서는 어린아이의 산만함은 '정상'이지만 다른 사회에서는 '질병'이다. 어떤 치료법을 택할 것인가, 치료를 언제까지 할 것인가도 마찬가지다. 말기 환자의 심폐소생술, 인공호흡 등의 연명의료가 당연하게 여겨지는 사회도 있지만 이를 무의미한 의료행위, 더 나아가 환자에게 고통을 주는 의료행위로 보는 사회도 있다. 현대 의학의 발전에도 불구하고 환자들이 겪는 고통에 공감해주지 못하는 의사보다는, 대체의학이나 민간요법을 신뢰하는 이들도 있다.

나는 의사면허는 있지만 임상 의사는 아니다. [임상은 '침상에 임한다(bedside)'는 뜻으로 임상의학은 실험대(benchside)에서 주로 이뤄지는 기초의학의 대척점에 있는 말이다.] 16년간 의과대학 생화학 교수였고 2014년부터 의학교육학 교수로 일하고 있다. 과학자라는 정체성을 가지고 기초의학자의 인생을 살아오다 수 년 전부터 학생들을 의료인으로 성장시키는 교육자의 인생을 살고 있다. 내가 어렸을 때는 왕진 가방을 들고 집으로 찾아오는 의사들을 흔히 볼 수 있었다. 의사들은 환자들의 말에 귀를 기울였다. 지금은 환자의 말보다는 환자의 피를 뽑고, 신체를 촬영하고, 혈압을 측정하는 등 수치가 정상 범위에 있느냐 아니냐가 더 중요하다. 이 책을 쓴 이유는 전염병의 시대가 가고 만성 질환의 시대가 찾아오면서 다시 환자의 말에 귀를 기울이는 의사가 필요한 때가 되었기 때문이다. 현대 의학이 어떻게 지금의 모습으로 만들어지게 되었는지, 현대 의학은 어디까지 와 있는지, 앞으로 어디로 가야 하는지 많은 분들과 이야기를 나누고 싶다.

의학은 언제나 우리 곁에 있다. 의학은 교과서에 소개되는 과학적 지식만으로 이루어지는 것이 아니라 뇌의 신경망처럼 연결된 사회적 관계 속에서 그 모습을 드러냈다가 사라지곤 한다. 이 책은 의학과 의료에 담긴 다양한 모습을 소개하고 있다. 한 권으로 의학의 다양한 모습을 모두 소개하는 것은 불가능하겠지만 독자들께서 의학과 의료를 조금이라도 흥미롭게 생각하시기를 기대한다.

차례

2장 의사가 되는 과정

3장 현대 의학을 만든 발명과 발견, 그리고 사건

1장

의학의 시선으로 본 일상

의사들은 두통도 해결 못 하잖아

"의학이 발전했다는 이야기는 모두 거짓말이야. 첨단 의학 어쩌고 하면서 의사들은 두통 하나 해결하지 못 하잖아."

두통은 누구나 한번씩은 경험하는 흔한 증상이고 대개 시간이 경과하면 자연적으로 사라지기 때문에 가볍게 여겨지곤 한다. 그런데 일반인들에게는 간단하게 생각될지도 모르는 두통이 의사 입장에서는 해결하기가 어려운 증상일 수도 있다.

두통은 문자 그대로 '머리에 생긴 통증'을 의미한다. 증상의 하나일 뿐 병명은 아니므로 두통을 해결하기 위해서는 그 원인이 되는 질병을 치료해야만 한다. 텔레비전 광고에서 흔히 볼 수 있는 두통약을 먹을 경우 통증이 완화될 수는 있지만 근본적인 치료와는 거리가 있다.

환자가 통증이 있다고 하면 의사는 그 통증이 찌르는 듯한 통증인지, 근육이 잡아당겨지는 듯한 통증인지, 두들겨 맞은 듯한 통증인지, 그것도 아니면 (궤양이 있을 때와 같이) 쓰리듯이 아픈 것인지를 묻곤 한다. 두통도 마찬가지다. 잠잘 때 자세가 좋지 못하거나 머리를 어딘가에 부딪힐 때도 두통이 올 수 있고, 고혈압 환자가 충격을 받아 뇌졸중을 일으킬 때도 두통으로 고통받는다. 두통의 종류에는 편두통, 뇌혈관성 두통, 뇌신경통, 외상에 의한 두통, 긴장성 두통, 군발성 두통 등 여러 가지가 있다. 여기서는 편두통에 대해서만 설명해보겠다.

두통은 통각에 예민하게 반응하는 머리 부분이 자극을 받았을 때 나타나는 증상이며 편두통은 머리의 어느 한 부위만이 집중적으로 통증을 느끼는 증상이다. 편두통은 전조 증상 없이 발생하는 경우가 80퍼센트이고 드물게 환시, 시력 장애, 편마비, 의식 장애, 운동 실조 등의 전조 증상이 있은 후에 발생하여 길게는 수일 동안 지속될 수도 있다. 이외에도 망막에 이상이 있거나 뇌혈관에 이상이 있는 경우 또는 편마비가 동반되어 발생하는 편두통이 있으며 스트레스, 수면 부족, 정서 불안, 음식, 날씨 변화, 생리 등이 편두통을 쉽게 유발시키는 인자로 작용할 수가 있다.

편두통의 경우 진행 속도에 차이가 있을 수 있으나 일반적으로 수 시간 내에 사라지므로 안정과 휴식을 취하면 해결되는 경우가 대부분이며, 증상이 심한 경우에는 아스피린, 타이레놀 등 두통약으로 증상을 완화시킬 수 있다. 그러나 증상이 심한 경우에 규정된 양 이상을 투여하게 되면 차후의 치료가 어려워지고, 습관적으로 투여해야 하는 경우가 있으므로 주의를 기울여야 한다. 모든 약은 가능하면 적게 투여할수록 바람직하므로 한 달에 한 번 이상 만성적으로 편두통으로 고통받을 경우에는 마음대로 약 복용량을 늘리지 말고 신경과 전문의와 상의하여 원인을 해결해야만 한다. 원인불명의 편두통으로 고생이 심한 경우 예방 목적으로 정기적으로 약을 투여하는 경우도 있으나 이 또한 전문의의 처방을 받아서 시도해야 할 방법이다. 편두통의 경우에는 뇌혈관성 두통과 달리 간단히 치료 가능한 경우가 대부분이므로 증세가 나타나면 그 원인을 찾아보는 편이 낫다. 심하지 않은 편두통이 지속되는 경우에는 혈류를 좋게 할 수 있도록 적절한 운동을 하는 편이 자신만의 처방으로 상습 투약을 하는 편보다 장기적으로 볼 때 유익하다.

독약을 약으로 삼으니

질병을 해결해주는 약과 질병을 일으키거나 사망에 이르게 하는 독의 차이는 무엇일까? 의과대학생들이 사용하는 약리학 교과서에는 그 차이가 단지 '양'일 뿐이라고 나와 있다. 적절한 양을 사용하면 약이 되고, 적절치 못하면 독이 된다는 뜻이다. 불면증 때문에 처방받은 수면제를 과다 복용하여 사망에 이르는 경우를 떠올려보면 쉽게 이해가 갈 것이다.

오늘날 살상을 위한 생물학 무기로 사용될 가능성이 높은 대표적인 병균은 탄저균과 보툴리누스균이다. 탄저의 원인이 되는 탄저균은 9·11 테러 이후 '백색가루' 우편물 테러로 미국 전역을 공포로 몰아넣었다. 보툴리누스균은 목숨까지 앗아가는 치명적인 식중독을 일으키는 세균이다. 9·11 테러 일주일 전인 9월 4일 클래식 푸즈사가 보툴리누스균에 오염된 칠리소스 제품을 전량 회수하기로 결정한 것과 같이 식중독과 관련된 뉴스에 자주 등장한다. 일본의 옴진리교도 처음에는 탄저균과 보툴리누스균을 살포하려 했다.

보툴리누스균이 지니고 있는 독소에 의하여 발생하는 보툴리즘은 음식에 의하여 전파되는 경우가 대부분이다. 산소가 없는 환경에서 증식하는 보툴리누스균의 특성상 통조림, 병조림, 소시지 등의 식품을 통하여 인체로 들어오는 경우가 많다. 이 균의 독소는 운동 신경에 작용하여 그 신경이 분포하는 근육 등에 마비 증세를 일으키므로 심한 경우 호흡에 관련된 근육을 마비시켜 호흡 정지로 사망에 이르게 한다. 환자 발생시 항독소를 주입하고, 호흡 보조 기구를 달아주면 회복 가능하며, 다행히 한국에서는 거의 환자가 발생되지 않고 있다.

그런데 엘러간을 비롯한 미국의 제약회사들은 이와 같이 치명적인 보툴리누스균의 독소를 치료약으로 쓸 수 있도록 개발해놓았다. 보톡스라는 상표명으로 잘 알려진 이 물질은 1991년 처음으로 미국 식품의약국(FDA)의 승인을 받아서 눈 주위 근육에 발생한 경련 치료에 사용하게 되었다. 이 독소를 투여하면 근육이 마비되면서 수축하기 때문에 얼굴에 생긴 주름살을 피거나 사각턱을 위축시키는 용도로 널리 이용되고 있다. 다한증, 만성 통증에도 쓰이고 있으며 뇌졸중, 뇌손상, 뇌성마비, 다발성경화증, 척수손상 등으로 인해 경직이 생긴 환자들에게도 치료 목적으로 사용되고 있다.

'개똥도 약이 될 수 있다'는 우리의 옛말을 문자 그대로 받아들이면 틀린 말이지만 '독도 약이 될 수 있다'고 변형시키면 분명 옳은 말이다.

얼굴이 누렇게 뜨는 이유

할머니가 손주에게 흔히 하시던 말씀 한 가지.

"야야, 니 얼굴이 왜 그리 노랗노? 요새 힘들고 피곤하나?"

얼굴이 노랗게, 심하면 거무튀튀하게 변해가는 사람을 보고 피곤하냐, 어디 몸이 안 좋냐고 묻는 걸 주위에서 심심치 않게 볼 수 있다. 이 말은 과연 의학적 근거가 있는 말일까?

얼굴이 노랗게 변하는 현상을 황달이라 한다. 황달이 생기는 가장 큰 이유는 인체 밖으로 배출되어야 할 빌리루빈이 질병 등으로 인하여 인체 밖으로 배출되지 못하고 혈액 내를 떠다니다가 농도가 높아지게 되면 조직으로 확산되어 조직을 노란색으로 변화시키기 때문이다. 따라서 얼굴에 빌리루빈이 축적되면 노란색으로 변하고, 심해지면 검은색으로 변한다.

빌리루빈은 적혈구로부터 생성된다. 혈액 속에는 적혈구, 백혈구, 혈소판 등 세 가지 종류의 세포가 각각 기능을 하고 있는데 적혈구는 산소 운반, 백혈구는 식균 작용, 혈소판은 혈액 응고를 담당한다는 이야기를 중학교 생물 시간에 들은 적이 있을 것이다.

적혈구의 산소 운반 기능은 적혈구 안에 있는 헤모글로빈이 담당하고 있다. 적혈구는 골수에서 생성되어 120일간의 수명을 다한 다음 파괴되며, 보통 성인의 경우 시간당 1억 내지 2억 개의 적혈구가 파괴되어 하루 평균 약 6그램의 헤모글로빈이 혈액으로 쏟아져 나오게 된다. 헤모글로빈 중 글로빈과 헴에 붙어 있는 철은 인체 내에서 재이용되지만 철을 제외한 헴 부분은 대사되어 빌리루빈이라는 물질을 형성하게 된다. 이렇게 만들어진 빌리루빈은 여러 단계의 대사 과정을 거치며 구조가 바뀐 다음 간으로 전달된다. 간에서 접합이라는 과정을 거친 후 담즙과 함께 장으로 배출되며, 장내 세균에 의해 대사된 후 일부는 간으로 재흡수되고 일부는 인체 밖으로 배출되는 과정을 거친다.

그러나 적혈구의 용혈(깨지는 현상)이 비정상적으로 많이 일어나거나, 빌리루빈이 간으로 들어가는 과정에 이상이 생긴 경우, 간질환이 있어서 빌리루빈을 접합시키지 못하는 경우, 그리고 간에서 체외로 배출 과정에 이상이 생긴 경우 등에서는 빌리루빈이 정상적으로 배출될 수가 없어서 혈액 내에 빌리루빈의 양이 증가하고 심하면 황달에 이르게 되는 것이다.

위에서 나열한 이상 중 가장 흔히 발견되는 것이 간질환에 의해 전달된 빌리루빈의 접합 과정이 일어나지 못하는 경우이다. 대표적인 간질환으로는 간염, 간경화, 간흡충(간디스토마),

간암 등이 있으며 이들 중에서 발생 빈도는 간염이 압도적으로 많다. 우리나라의 경우 갈수록 유병률이 줄어들기는 하지만 지금도 약 3퍼센트에 이를 정도로 B형 간염이 만연되어 있다. 과거에는 유병률이 더 높았을 것으로 추정되므로 얼굴이 노랗게 변하는 황달 환자가 꽤 있었을 것으로 추측할 수 있다.

B형 간염의 흔한 증상이 피로감이므로 얼굴이 노랗게 변한 사람에게 피로한지를 묻는 것은 개연성이 충분하다. 얼굴이 노래지는 현상에는 여러 가지 원인이 있을 수 있으나 우리나라에서 가장 큰 원인은 B형 간염이었고, 간염이 있을 때 가장 흔한 증상이 피로감이므로 얼굴이 노랗게 변하면 피로를 호소할 가능성이 크다고 할 수가 있다. 할머니의 말씀에는 근거가 있는 것이다.

참고로 위에서 적혈구의 수명이 120일이라고 했는데 헌혈 안내문을 보면 두 달에 한 번씩 헌혈할 수 있다는 내용이 포함되어 있다. 적혈구의 수명을 통해 유추해보면 헌혈 후 두 달이 지나도 적혈구가 반밖에 보충되지 못할 것이므로 산소 운반 기능이 떨어지게 될 것이라고 생각하기가 쉬운데 사실은 그렇지 않다. 우리 인체는 보상 기능이 워낙 뛰어나 헌혈이나 출혈 등이 생긴 후에는 혈액 생산 능력이 보통 때보다 왕성해지므로 두 달이면 원상태로 복구가 가능하다. 따라서 두 달마다 헌혈을 해도 아무 문제없이 건강을 유지할 수 있다.

완벽하게 건강한 사람은 없다

세상이 참 빠르게 변하고 있다. 최근 몇 년 사이 마스크를 쓰고 다니는 분들이 부쩍 늘었다. 미세먼지나 황사와 같이 공기 중에 포함된 나쁜 성분이 몸으로 침투하는 것을 막기 위해 사용하는 것이다. 게다가 이 글을 쓰고 있는 지금, 중국 우한에서 시작된 변종 코로나 바이러스에 의한 감염증(코로나19)이 전 세계적으로 전파되자 마스크는 전 국민의 생필품이 되었다.

미세먼지가 위험하다는 건 알지만 이에 의한 피해를 예방할 방법이 마땅치 않은 상태에서 국민들의 우려가 커지기 시작하자 책임을 져야 할 분들이 엉뚱한 이야기를 하기 시작했다. "생선을 구울 때 미세먼지가 많이 발생한다." 한술 더 떠서 정부의 해당 책임자라 할 수 있는 분이 "건강한 사람들은 미세먼지를 그리 걱정하지 않아도 된다"는 황당한 말을 하기도 했다. 미세먼지가 건강한 사람들에게 해가 없다는 것은 전혀 사실이 아니다. 더 큰 문제는 건강한 사람과 그렇지 않은 사람을 구별할 수 없다는 것이다.

'건강하다'와 '건강하지 않다'를 구별할 수 있는 기준은 존재하지 않는다. '건강하지 않다'를 '병을 가지고 있다'는 뜻으로 해석한다면 '의사는 질병을 고쳐주는 사람'이고, '병원은 질병을 고쳐주는 곳'이라고 정의할 수도 있다. 그러나 이는 오래전에 사용된 정의일 뿐이다. 지금은 '의사는 건강을 관리하는 사람', '병원은 건강을 관리하는 곳'이라는 정의를 더 흔하게 사용한다.

건강한 것과 그렇지 못한 것의 기준을 지금 현재 몸에 이상이 있다고 알려진 것이 있는 것과 없는 것으로 구분한다면 평소에 건강하다고 생각하고 산 사람이 어느 날 건강검진에서 우연히 심한 질병이 발견되는 경우 갑자기 건강하지 못한 사람이 된다. 미세먼지의 위험성이 건강검진에서 이상이 발견되는 순간 갑자기 드러나는 것이다.

'나이가 들면서 주름살이 생겼다', '갑자기 땀이 많이 난다', '기억력이 많이 떨어졌다', '날씨가 흐리면 쑤신다', '기분이 안 좋다', '쌍꺼풀이 있었으면 좋겠다' 등은 사람들이 흔히 갖는 생각이나 증상이다. 이것은 건강에 문제가 있는 것인가, 아닌가? 정부의 해당 책임자는 '건강하다'와 '건강에 문제가 있다'를 구별할 수 있다고 잘못 알고 있으며, 건강한 사람은 미세먼지에 노출돼도 별 문제가 없다는 이해 못할 주장을 하는 바람에 국민을 더 혼란에 빠뜨렸다.

무엇인가를 이해하고자 할 때 '맞다', '아니다'와 같은 이

분법으로 판단하면 이해하기가 쉽다. 그러나 이 세상 대부분의 일은 이분법으로 판단하기가 어렵다. 질병 유무와 건강 여부는 판단할 수 있는 기준이 명확하지 않다. 의학이 발전하면 할수록 건강에 대한 기준은 엄격해지고, 이를 충족시킬 가능성은 점점 낮아지게 된다.

의학의 3요소

'의학이란 무엇인가?'라는 질문에 '사람의 몸에 발생한 이상, 즉 질병을 고치는 학문'이라고 대답하는 것은 과거의 답이다. 질병을 치료하기보다 예방하는 일이 더 중요시되고 있다. 현대인들은 평소에 이상을 느끼지 못하는 상황에서 정기적인 건강검진을 통해 몸에 특별한 이상을 찾는 것에 익숙하다. 또 검사 결과 모든 수치가 정상 범위에 속해 있더라도 수치가 경계선을 향해 가고 있으면 병으로 발전하는 것을 막기 위해 운동, 식습관 개선 등의 조치를 취하게 된다.

'의학 지식을 사용하여 환자를 대해야 하는 의사와 그 지식을 받아들여야 하는 환자와 보호자들 사이에서 일어나는 현상'을 의료행위라 한다. 또 의사와 환자가 좋은 관계를 유지하기 위한 의사의 의학 지식, 기계를 다루는 기술, 의사가 환자를 대하는 태도를 의학의 3요소라 한다.

오래전에는 주변 사람들로부터 인정을 받기만 하면 의사 역할을 할 수 있었다. 하지만 오늘날에는 국가에서 공인하는 면허를 가진 자만이 의사로 활동할 수 있다. 의사면허를 갖기 위해서는 국가시험을 통과해야만 하고, 이 국가시험에 응하려면 국가가 인정한 의학교육기관에 입학하여 정해진 교육과정을 모두 마쳐야 한다. 이 의학교육기관에서는 의학의 3요소를 모두 갖춘 의사를 양성해야 한다.

'의학은 과학이고 의료는 문화'라는 표현은 의학은 과학에 바탕을 두고 있지만 의학이 실제로 행해지는 과정, 즉 의료는 사람들의 사고방식이나 관습 등 이미 그 사회에 내재하고 있는 문화에 의존하고 있다는 의미다. 그러나 의학은 과학이라기보다는 '과학적 연구방법을 이용하여 크게 발전한 학문'이라 하는 것이 더 타당하다. 현실에서는 의학과 의료를 구분하는 것조차 쉽지 않다. 의학에는 과학적 의학(scientific medicine)만 있는 것이 아니라 생물학적·심리적·사회적 요인이 모두 포함되어 있기 때문이다. 의학과 의료는 모두 그 사회의 관습과 문화 속에서 벌어지는 현상이고, 의사와 환자 또는 의사와 일반인 간의 관계 속에서 이루어지는 쌍방의 상호작용이다.

'머리가 아프다'고 할 때 어느 정도로 아픈지 짐작하기가 쉽지 않은 것은 사람마다 아프다고 표현하는 정도가 객관적이지 않기 때문이다. 문화를 공유하는 한 나라 안에서도 그러할진대 문화를 공유하지 않는 집단 간에는 그 차이가 더 커지는 경우도 있다. 작은 키, 주름살, 노화로 인한 기억력 감퇴 등이 문화나 개인에 따라 의학적 처치의 대상인지 아닌지를 판단하기도 어렵고, 객관적인 기준이 있는 것도 아니다. 이것이 의학을 과학이라 단정하기 어려운 이유다.

세계보건기구(WHO)는 건강을 "단순히 질병이나 질환이 없는 상태를 넘어 신체적·정신적·사회적으로 완전한 상태"라고 정의하고 있다. 오늘날 의학이란 '질병을 고치는 학문'이 아니라 '사람들의 신체적·정신적·사회적 건강을 유지하기 위해 필요한 모든 지식을 다루고 연구하는 학문'으로 정의되고 있다. 이를 위해 의사는 의학 지식, 의료 기술, 환자에게 신뢰감을 주는 태도를 갖추어야 한다. 이 세 가지 요소는 한계가 있는 것이 아니므로 의학을 공부하는 이들은 어떤 상황에서든 의학을 필요로 하는 이들에게 도움을 줄 수 있도록 다양한 지식과 기술은 물론 어떤 사람들과도 신뢰를 유지하면서 소통할 수 있는 능력을 키워야 하는 것이다.

어딘가가 아프거나 불편해서 병원을 찾은 사람에게 의사는 이렇게 말하곤 한다. "검사 결과, 별다른 이상이 없네요. 증상이 심해지면 그때 다시 오세요." 이상이 없다는 의사의 이야기에도 불구하고 환자는 이상을 느끼다 몇 개월 뒤 다시 병원에 왔을 때 환자는 전혀 달라진 게 없지만 검사 수치가 정상 범위를 벗어 났음을 발견한 의사는 치료를 하자고 한다. "의사는 사람을 치료하는 것이 아니라 질병을 치료한다"는 말은 환자가 고통을 호소하더라도 의사는 환자 몸속의 객관적인 수치가 정상 범위를 벗어나는지, 아닌지의 여부로 치료 대상인지 아닌지를 판단하는 현대 의학의 맹점을 지적하고 있다. 의학이 발전할수록 의료 기기의 이용 빈도가 높아지고, 이러한 기기의 도움 없이는 의사가 마음으로 위로를 해주는 것 외에 어떤 조치도 취하지 못하는 경우가 늘고 있다. 과학적 의학에 충실한 의사는 환자를 이해하고, 고통을 덜어주기보다는 표준화된 진단 기준이나 검사 결과에 따라 질병이냐 아니냐를 판정하고 있는 것이다.

의사와 환자의 관계, 의사와 (보호자를 포함한) 일반인과의 관계, 감정, 행동, 믿음, 지각 등을 모두 포함하는 '태도'는 갈수록 강조되고 있다. 의술이 필요로 하는 이들에게 잘 행해지려면 환자와 의사는 서로 신뢰감을 가지고 공감할 수 있어야 하며, 이것이 오늘날의 의학에서 가장 개선을 필요로 하는 요소라 할 수 있다.

의사의 상징

'의사' 하면 가장 먼저 떠오르는 이미지는 아마도 가운일 것이다. 청진기 탄생 200주년인 2016년에 의과대학 저학년생과 일반인들 약 150명을 대상으로 의사를 상징하는 것을 두세 가지만 이야기해달라는 설문조사를 한 적이 있다. 가운이 50퍼센트 이상을 차지하여 단연 1위였고, 청진기가 약 25퍼센트, 그 밖에 머리반사경, 무릎 반사를 검사하는 망치, 붕대, 캐스트(깁스), 침대 등이 소수를 차지했다. 의사의 가운 하면 흰색 가운을 가장 먼저 떠올리는 분들도 있겠지만 수술실의 초록색이나 파란색 가운을 먼저 떠올리는 분들도 있을 수 있다. 가운은 언제부터, 무슨 이유로 입기 시작했을까?

보호나 위생 때문이라고 생각하는 분들이 많을지도 모르겠다. 의사가 환자를 치료하다보면 상처 부위의 피나 병소로부터 흘러나오는 체액이 옷에 묻는 것을 막기 위한 것이라고. 그런데 지금이야 위생의 중요성을 익히 알고 있지만 의사들이 자신의 옷이나 위생을 위해 가운을 입기 시작한 것은 얼마 되지 않는다. 과거의 화가들이 남겨놓은 그림에서 누가 의사인지 알아보기가 어려운 것은 의사와 일반인들의 복장에 큰 차이가 없기 때문이다.

19세기 초만 해도 의사는 시대극에서 흔히 볼 수 있는 신사복 차림으로 환자를 대했다. 외래는 물론 수술을 할 때도 마찬가지였다. 피가 옷에 튀는 것을 방지하기 위해 소매를 걷는 것이 거의 유일한 대처법이었고, 옷을 벗긴 환자의 몸을 깨끗한 천으로 덮어놓고 치료할 부위를 노출시켜 수술을 했지만 깔끔한 천으로 자신의 몸을 가릴 생각은 하지 않았다. 그랬으니 수술 후 이차감염으로 합병증이 발생하는 경우가 잦을 수밖에 없었다. 이때쯤 프록코트라 하는 특징적인 옷을 입고 수술을 하는 의사도 많아졌으나 권위를 과시하기 위한 목적이었고, 환자나 자신을 보호하려는 생각은 없었다. 사회적으로 위생의 중요성이 조금씩 대두되고는 있었지만 미생물과 감염에 대한 개념이 전혀 없었기 때문이다.

중세 말부터 이탈리아를 중심으로 인체 해부가 허용되기 시작하면서 칼을 다루는 데 능숙한 이발사들이 의과대학에서 해부학 실습을 도와주기 시작했다. 이뿐 아니라 약을 중심으로 하는 의학과 별도로 수술을 중심으로 하는 외과가 발전하면서 의과대학 교육을 받지 않은 상태에서 외과 의사를 따라다니며 도제 교육을 받은 외과 의사도 많았는데 초기에는 이발사 출신이 많았다. 이발소의 삼색 줄무늬 간판은 이러한 역사의 산물이

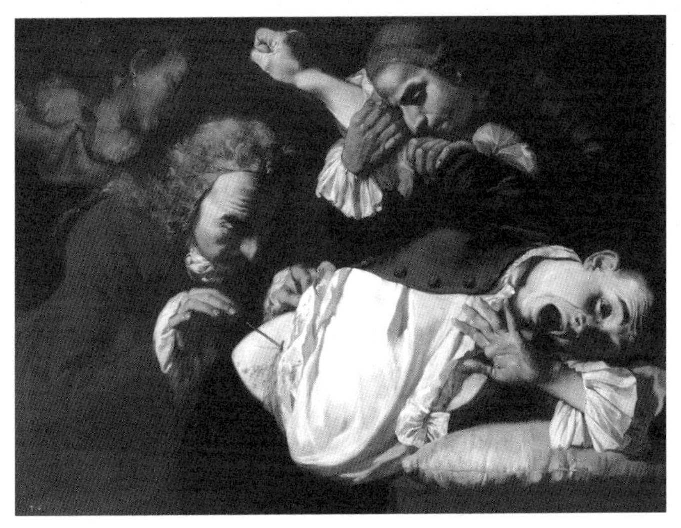

마취제가 개발되기 전인 1753년경 이탈리아 화가 가스파레 트라베르시가 그린 그림이다. 의사가 상처 부위를 살펴보고 있고 환자는 고통스러워하고 있다.

다. 삼색등의 빨간색은 동맥, 파란색은 정맥, 흰색은 붕대를 상징한다.

1840년대가 되자 수술할 때 마취제를 사용하기 시작했다. 마취제가 개발되기 전에는 엄청난 고통을 견디게 해줄 거라고는 술이나 양귀비 같은 마약성 물질을 지닌 약초뿐이었다. 전쟁터에서는 부상을 입은 사지를 아무 조치 없이 잘라내곤 했다. 마취제는 환자가 의식을 잃은 동안 통증 없이 수술을 할 수 있게 해주었다. 이로써 수술이 전보다 훨씬 보편화했으나 수술이 늘어난 만큼 수술 후 이차감염으로 인해 목숨을 잃는 경우도 많아졌다.

당시에는 세균의 존재를 몰랐기에 소독을 하지 않았다. 산모가 출산 후에 고열에 시달리다가 목숨을 잃는 경우가 많았다. 헝가리 출신 의사 이그나스 젬멜바이스(Ignaz Semmelweis)는 의사가 손을 씻고 진료하면 목숨을 잃는 산모가 줄어들 거라고 주장했지만 아무도 귀를 기울이지 않았다. 그가 세상을 떠난 1865년에 영국의 외과 의사 조지프 리스터(Joseph Lister)가 수술실을 석탄산으로 무균 처리하면 수술 후 이차감염을 줄일 수 있다고 주장한 것이 서서히 받아들여지면서 외과 수술 후 예후가 극적으로 좋아지기 시작했다. 리스터는 수술시 편한 복장을 했지만 멸균까지 하지는 않았다. 멸균된 수술복을 처음 도입한 이는 1883년 독일의 외과 의사 구스타프 노이버(Gustav Neuber)였다.

19세기 말이 되자 의사도 수술복뿐 아니라 병원 내에서 가운을 입으려는 움직임이 일어났다. 1885년 영국에서는 의사를 포함한 모든 의료진이 그때까지 사용되던 진한 색의 코트 대신 흰색의 편리한 옷을 입는 것이 좋겠다는 의견이 제기되었다. 미국의 경우에는 1889년에 그려진 하버드 대학교 협력병원인 매사추세츠 종합병원 그림에 흰 가운을 입은 의료진들이 등장한다. 따라서 적어도 1880년대 말부터 의사들이 흰 가운을 입기 시작한 것으로 추정된다.

그렇다면 현대의 의사들과 일반인들은 가운에 대해 어떻

게 생각할까? 미국에서 424명의 의사와 197명의 의대생을 대상으로 조사한 바에 따르면 흰 가운을 입는 이유는 '눈에 잘 띄기 위해서'가 25퍼센트, '호주머니에 뭔가를 넣고 다니기 위해서'가 23퍼센트, '옷을 깨끗이 하기 위해서'가 15퍼센트였다. 또 다른 연구에서 '의사는 흰 가운을 입어야 한다'고 물었을 때 그렇다고 응답한 의사의 비율은 24퍼센트였으나 환자들에게 물었을 때는 56퍼센트가 그렇다고 응답했다. 환자들이 이렇게 대답한 가장 큰 이유는 그래야 의사를 쉽게 알아볼 수 있기 때문이다.

문제는 흰 가운이 보기와 달리 위생적이지 않다는 점이다. 한 연구에 따르면 가운은 각종 병원성 세균으로 오염되어 있을 가능성이 매우 높았다. 이유는 가운 안에 입는 옷은 자주 갈아입으면서 가운은 잘 갈아입지 않기 때문이었다. 비슷한 연구에서 넥타이도 일반적인 것이든 나비넥타이든 상관없이 오염이 잘 되는 것으로 판명되었다. 넥타이도 세탁을 자주 하지 않으니 당연한 결과이기도 하다. 의사들이 가운을 입고 넥타이를 매면 환자들에게 신뢰감을 줄 수 있다고 생각할 수 있으나 조사에 따르면 전혀 그렇지 않았다. 서울대학교 임재준 교수는 『가운을 벗자』에서 환자들은 의사의 넥타이에 전혀 관심이 없으며, 오염 방지를 위해서라면 가운과 넥타이를 모두 하지 않는 편이 좋다고 주장했다.

전통과 관례를 따르는 것은 편한 일이긴 하지만 목적과

그 속에 담긴 문화를 생각해야 한다. 환자의 눈에 잘 띄기 위해서든, 의사임을 알려주기 위해서든, 의사의 권위를 보여주기 위해서든 가운을 입어야겠다면 최소한 세탁이라도 자주 해야 할 것이다. 의과대학에서는 환자를 대하던 의사가 가운을 입은 채로 수업을 하러 교실에 들어오는 일이 지금도 흔하다. 교내 행사에서 가운을 입고 축사를 하거나 연제 발표를 하는 의사들에게 묻고 싶다.

"가운을 입고 단상에 올라온 이유는 무엇입니까?"

"그 차림 그대로 또 환자를 보러 갈 예정입니까?"

운동이 건강에 좋은 이유

심장이 펌프질을 하면서 피를 쏟아내면 혈관은 피를 운반한다. 혈관은 탄력성을 지닌 일종의 관으로, 피가 온몸을 돌아다니게 하는 기능을 한다. 피에는 생명 유지에 필요한 산소와 영양소가 포함되어 있으므로 혈관 어딘가가 막혀서 피가 흐르지 못하면 산소를 필요로 하는 조직이 죽어가게 된다. 술을 마시면 얼굴이 빨개지는 이유는 알코올에 의해 혈관이 확장되어 혈액 순환이 잘되기 때문이다. 따뜻한 물에 들어가는 것도 혈관을 넓혀 혈액 순환이 잘되게 해주므로 건강에 좋다. 잠자기 전에 술을 한 잔 하는 것은 혈액 순환을 좋게 하기는 하지만 알코올의 다른 효과를 감안하면 권장할 만한 일이 아니라 피해야 할 일이다.

혈관은 동맥→세동맥→모세혈관→세정맥→정맥 순으로 연결되어 있다. 심장은 쉬지 않고 혈액을 내보내는 펌프로서, 동맥이라는 혈관을 통해 산소가 풍부한 혈액을 온몸으로 내보낸다. 혈관은 점점 가늘어져 세동맥이 되고, 더 작은 혈관인

모세혈관과 연결된다. 모세혈관의 혈액은 세정맥, 정맥을 거쳐 다시 심장으로 되돌아온다.

혈관 기능에 따라 두께가 다를 뿐만 아니라 모양, 성분도 각각 다르다. 동맥은 강한 압력을 견뎌내기 위해 혈관 벽이 두껍다. 반면 정맥은 압력이 낮기 때문에 혈관 벽이 동맥보다는 얇다. 정맥은 많은 양의 혈액을 저장하기 위해 이완되기도 한다.

혈액의 압력이 높아진 상태를 고혈압이라고 한다. 고혈압은 혈관이 좁아지거나 혈액량이 많아지는 경우에 발생한다. 피 속에 녹지 않는 지질이 많아지는 경우 혈관 벽에 눌어붙게 된다. 그 결과 혈관이 딱딱해지고 혈관이 좁아지는 현상을 죽상경화증이라 하며 고혈압 환자에게서 흔히 발견된다.

1979년 미국의 약리학자 루이스 이그나로(Louis Ignarro)는 인체의 심혈관계에서 신호를 전달하는 산화질소를 발견한 공로로 1998년 노벨 생리의학상을 수상했다. 산화질소는 주로 동맥 혈관의 얇은 내피세포층에서 생성되는 물질로, 혈관을 확장시켜주는 기능을 한다. 혈관을 확장시키면 피가 혈관에 압력을 덜 미치고 쉽게 흘러갈 수 있으므로 고혈압 해결에 도움이 된다. 산화질소는 고혈압, 뇌졸중, 심근경색 등 심뇌혈관 질환을 억제하는 데 큰 역할을 할 것으로 주목받고 있다.

산화질소를 생성하는 가장 좋은 방법은 전신운동을 하는 것이다. 일련의 실험에 따르면 작은 근육군을 사용하는 운동에서는 산화질소에 의한 직접적인 효과가 크지 않으나 큰 근육군을 사용하는 리드미컬한 운동에서는 그 효과가 더 우수한 것으로 판명되었다. 건강한 사람보다는 비만, 당뇨병, 고지혈증, 고혈압 등과 같은 심혈관 위험인자를 포함하고 있는 사람들이 더욱 두드러진 효과를 보인 것이 특징이다. 심장에 혈액을 공급해주는 동맥인 심장동맥(월계관을 쓴 것 같다고 해서 '관상동맥'이라고도 한다)이 좁아져 수술을 받아야 하는 환자들을 대상으로 4주간의 사이클 운동을 실시한 결과 산화질소의 생성이 활발해진 것으로 나타났다. 또 12개월간 운동요법 환자들과, 심장동맥에 스텐트를 삽입한 환자들을 추적 관찰한 결과 운동요법을 따른 환자들에게도 우수한 개선 효과가 있었다. 운동요법이 저비용, 고효율의 치료 효과를 보여준 것이다.

최근에는 산화질소가 생성되는 또 다른 경로가 발견되었다. 산화질소 전구물질(산화질소 이전 단계의 물질)인 NO_3^- 혹은 NO_2^-가 자극을 받아 산화질소(NO)로 바뀐다는 것이다. 이때 생성되는 산화질소는 내피세포에서 합성되는 것이 아니라 전구물질로부터 직접 만들어진다. 산화질소로의 전환을 유도하는 대표적인 자극은 체내 저산소 신호다. 운동을 하면 체내 산소 이용률이 증가되고, 헤모글로빈(피가 붉은색을 띠게 하는 철 원자에 포함되어 있어 '혈색소'라고도 한다)과 결합되어 있던 산소가 조직으로 유리된다. 산소를 운반하는 역할을 하는 헤모글로빈 1분자에는 산소 4분자가 결합되어 있는데 산소가 부족한 조직에 이르면 산소를 떼어내게 되는 것이다. 이렇게 산소를 유리한 헤모글로빈은 산화질소 전구물질을 산화질소로 전환시키는 촉매가 된다. 최근 보고에 의하면 비타민 C도 산화질소로의 전환을 높이는 효과가 있다.

전염병 대유행의 시대

지금도 매년 수백만 명의 목숨을 앗아가고 있는 말라리아를 비롯하여 기원전 5세기에 아테네를 휩쓴 전염병, 13세기의 한센병, 14세기의 페스트, 16세기의 매독, 17~18세기의 발진티푸스, 19세기의 콜레라, 1918년의 독감 등은 한 시대를 풍미한 전염병이었다. 원인을 알지 못한 상태에서 사람에서 사람으로 전파되는 병이 유행하니 사람들은 공포에 휩싸일 수밖에 없었고, 해결책이라곤 병에 걸린 사람을 내쫓는 것뿐이었다.

18세기 후반이 되기까지 유일한 예방법은 민간요법인 인두접종법뿐이었다. 천연두에 걸린 사람의 딱지나 고름을 멀쩡한 사람에게 먹이거나 주입하면 예방효과를 얻을 수 있었던 것이다. 이 방법은 환자의 몸에서 병원체를 뽑아내어 다른 사람을 감염시키는 것과 같으므로 운이 좋으면 예방효과를 거둘 수 있지만 감염 증상이 심해지면 목숨을 잃을 수도 있는 위험한 방법이었다. 중국과 인도에서 오래전부터 시작된 인두접종법이 18세기에 터키를 거쳐 유럽으로 전해지기는 했지만 제한적으로만 이용되었다.

18세기 말 영국의 시골 의사 에드워드 제너(Edward Jenner)는 우두(소의 천연두)에 걸린 적이 있는 사람은 천연두에 걸리지 않는다는 속설을 전해 들었다. 그는 이를 실험으로 증명함으로써 목숨을 잃거나 회복되더라도 몸에 흉한 흔적을 남기는 천연두를 예방할 수 있는 우두법을 개발했다. 인류 최초로 전염병을 예방할 수 있게 된 전대미문의 일이었다. 그로부터 70여 년이 지난 후 프랑스의 화학자 루이 파스퇴르(Louis Pasteur)는 이 방법을 발전시켜 닭콜레라, 탄저, 광견병 등 4가지 전염병에 대한 예방법을 정립했다. 파스퇴르는 자신이 개발한 방법에 '백신

1833년 미국의 유머 잡지 〈퍽〉에 실린 그림. "우리가 절대 받아들일 수 없는 이민자"라는 문구가 있으며, 해골의 얼굴을 한 이민자가 배를 타고 오는 모습으로 콜레라를 형상화했다.

(vaccine)'이라는 이름을 붙였다. 암소를 뜻하는 라틴어 vacca에서 유래한 것으로, 제너가 암소를 이용해 실험한 것에서 착안했다고 한다.

1901년 독일의 에밀 베링(Emil Behring)은 디프테리아를 예방하기 위해 혈청을 이용한 예방법을 개발한 공로로 최초로 노벨 생리의학상을 수상했다. 미생물 병원체는 그 특성이 다양하므로 정해진 어느 한 가지 방법만으로 백신을 제조하기는 어렵다. 따라서 살아있는 병원체 또는 죽은 병원체를 이용하기도 하고, 또 병원체의 일부분이나 병원체가 가진 단백질, 핵산 등을 분리하여 이를 이용한 백신을 개발하기도 한다. 의학자들은 이미 백신이 개발되어 있는 전염병에 대해서도 더 효과가 좋고, 사용하기 편리한 백신을 얻기 위해 노력을 계속하고 있는 중이다.

제너의 방법을 발전시킨 파스퇴르가 전염병 백신 제조에 전념하고 있을 때 독일의 로베르트 코흐(Robert Koch)는 전염병의 원인을 찾으려 했다. 전염병에 걸린 사람의 병소에서 채취한 시료에서 맨눈으로는 볼 수 없지만 현미경으로 관찰 가능한 작은 생물체가 있음을 발견한 그는 특정 세균이 특정 전염병의 원인임을 증명하는 네 가지 원칙을 정립했고, 이를 토대로 탄저, 결핵, 콜레라의 원인균을 찾아냈다. 그의 네 가지 원칙은 이후 전염병의 원인이 되는 세균을 찾기 위한 기본적인 원리로 받아들여졌다.

19세기 말까지 파스퇴르는 전염병 예방법을 개발했고, 코

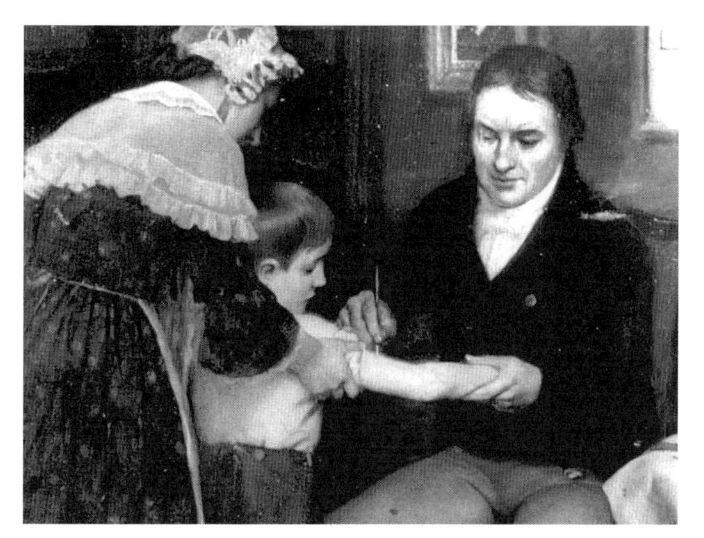

1796년 에드워드 제너는 소 젖을 짜다가 우두에 걸렸던 세라 넬름스의 손에서 체액을 채취해 8세 소년 제임스 핍스에게 접종했다. 소년은 다행히 천연두에 걸리지 않고 예방효과를 얻을 수 있었다.

흐는 세 가지 전염병의 원인균을 찾았다. 전염병의 종류는 훨씬 많았으니 전염병 해결까지는 아직도 많은 것이 남아 있었다. 가장 중요한 것은 치료법을 찾는 일이었다. 어느새 세계 의학을 선도하는 위치에 오른 파스퇴르와 코흐의 연구실에는 전 세계의 연구자들이 모여들었고, 다양한 방법으로 전염병 해결에 뛰어들었다.

이미 세 가지 전염병의 원인균을 발견한 코흐의 다음 목표는 결핵 치료제를 찾는 일이었다. 그의 연구실에서 일하고 있던 독일의 세균학자 파울 에를리히(Paul Ehrlich)는 세균 염색약을 치료제로 사용할 생각을 하게 된다. 세균을 관찰하기 위해서는 염색을 해야 하는데 염색약의 종류에 따라 염색이 잘되는 부위가 다르다. 어떤 염색약을 사용하느냐에 따라 다른 모양으로 보인다. (페인트로 사람의 몸을 칠하면 사람이 불편하게 되듯이) 미생물을 염색할 수 있다면 그 미생물이 움직이기 곤란할 것이고, 특정 미생물을 꼼짝 못하게 할 수 있는 물질을 찾을 수 있다면 치료제로 사용할 수도 있을 거라는 것이었다. 그의 아이디어는 베링에게도 전해져 독소에 대한 항독소를 이용하려는 아이디어의 원천이 되어 새로운 개념의 백신을 개발하게 했다.

세균을 죽이는 약을 항균제라 한다. 항균제는 자연에 이미 존재하는 것을 분리한 항생제와, 화학자들이 합성해서 얻은 화학요법제로 구분할 수 있다. 최초의 항생제는 1928년 영국의 알렉산더 플레밍(Alexander Fleming)이 곰팡이에서 분리한 페니실린이다. 최초의 화학요법제는 독일의 파울 에를리히가 합성하여 만들어낸 매독 치료제 살바르산이다. 독일의 게르하르트 도마크(Gerhard Domagk)는 1932년 두 번째 화학요법제라 할 수 있는 술폰아미드계 약물 '프론토실'을 발견했다. 프론토실은 페니실린과 함께 제2차 세계대전에서 부상자들을 치료하는 데 큰 역할을 했다.

페니실린이 상품화되었을 때 미국의 셀먼 왁스먼(Selman Waksman)은 '생물체의 다양성을 감안하면 세균에 의해 감염될 수 있는 곰팡이가 항생물질을 한 가지만 가질 리가 없다'는 생각으로 곰팡이가 가진 다른 항생물질을 찾기 위해 노력했다. 그는 여러 종류의 항생물질을 분리하는 데 성공했고, 1944년 결핵 치료제 스트렙토마이신을 발견한 공로를 인정받아 1952년 노벨 생리의학상 수상자로 선정되었다.

이렇게 백신으로 전염병을 예방하고, 화학요법제와 항생제로 전염병을 치료할 수 있게 되면서 사망률이 감소하게 되었다는 것이 그동안의 상식이었다. 그런데 데이터를 살펴보니 백신과 항생제 등이 개발되기 이전부터 이미 사망률은 감소하고 있었다.

그렇다면 전염병이 감소한 이유는 무엇일까? 현재는 위

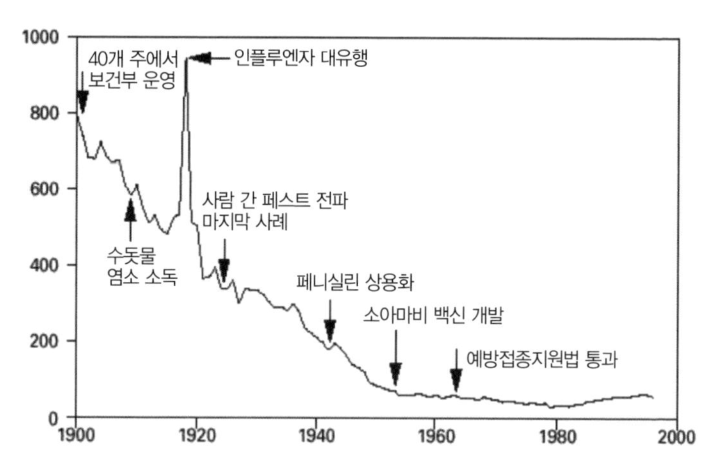

단위: 연간 인구 10만 명당 사망하는 비율

출처: Armstrong GL, Conn LA, Pinner RW. Trends in infectious disease mortality in the United States during the 20th century. JAMA. 1999:281:61-6

생 상태의 개선과 면역력 증가로 설명을 한다. 위생적이지 못한 환경에서는 미생물 병원체가 전파될 가능성이 크지만 위생적인 환경에서는 전파력이 약화되므로 전염병의 위험이 줄어드는 것이다.

면역력은 수치로 측정하는 것이 불가능하다. 그럼에도 불구하고 면역력이 증가했다고 말할 수 있는 것은 단백질 섭취량이 눈에 띄게 증가했기 때문이다. 항체가 생성되면 면역력이 커진다. 그 항체를 합성하는 데 꼭 필요한 아미노산의 재료가 바로 단백질이다. 즉 단백질이 풍부한 음식을 섭취하면 소화되면서 아미노산이 세포 내에 저장되었다가 항체와 같은 단백질을 합성해야 하는 경우 재료로 사용될 수 있다. 측정할 수도 없는 면역력에 대해 좋다, 나쁘다는 표현을 쓰는 것이 덜 과학적이기는 하지만 추론 가능한 내용에 대해 비과학적이라 할 수도 없다.

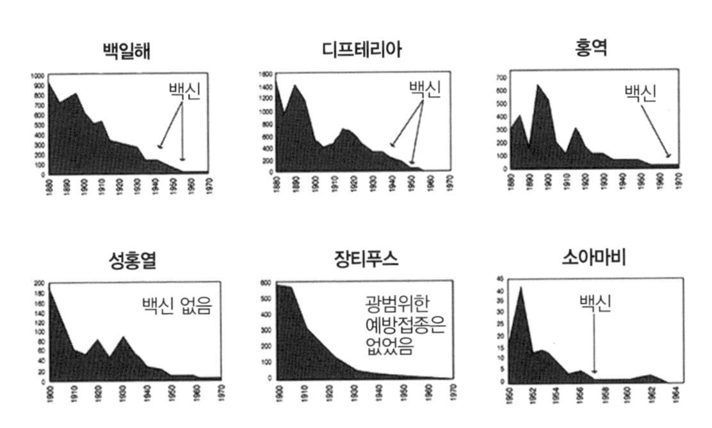

출처: Journal of American Academy of Pediatrics, December 2000

20세기에 접어들어 백신과 약이 꾸준히 개발되면서 전염병으로 인한 피해는 계속해서 감소되었다. 그러나 20세기 후반 여러 결핵약에 내성을 지닌 다제내성결핵균, 미국 재향군인회에서 발견된 레지오넬라증, 어떤 항균제로도 치료가 어려운 슈퍼박테리아 등의 세균 전염병이 발견되었다. 또 에볼라 바이러스 감염증, 지카 바이러스 감염증, 중증열성혈소판감소증후군 등과 새로운 코로나 바이러스에 의한 사스, 메르스, 코로나19 등의 바이러스 감염증이 계속해서 새로 나타나서 인류를 위험에 빠뜨리고 있다. 과거에 없던 질병이 새로 나타나면 세계보건기구에서는 새로 출현하는 병(New Emerging Disease)이라는 표현을 사용하곤 한다. 이런 병의 대부분은 동물로부터 사람에게로 감염이 되는 경우다. 중증열성혈소판감소증후군의 경우, 숲이나 들판에서 주로 서식하는 '작은소참진드기'에 물려 바이러스가 감염되어 발생하는 질병이다. 그러므로 사람들이 숲에 가지 않으면 예방이 될 수 있다. 사람들의 활동 범위가 넓어지고, 그래서 동물과 접촉하는 기회가 늘어나고 있는 것이 새로운 전염병이 수시로 출현하는 이유이다.

과거보다 새로운 전염병 발생에 대한 이야기가 훨씬 잦아진 것은 교통이 발달하니 전염병 매개체의 전파가 쉬워지고, 통신이 발달하니 다른 나라의 소식을 쉽게 들을 수 있기 때문이다. 또 의학이 발전하기 전에는 바이러스의 종류를 구별하는 것이 쉽지 않았지만 지금은 구별이 쉬워진 것도 새로운 병이 생겨난다는 느낌을 주게 된다. 의학 연구가 활발해지다보니 새로운 것을 찾게 될 가능성도 높아진다. 가장 중요한 것은 지구상의 한 개체라 할 수 있는 사람들의 활동지역이 넓어져 바이러스와 같은 병원체와 접할 가능성이 높아진 것이 그 원인이라 할 수 있다.

미생물은 인류가 지구에 나타나기 전부터 터를 잡고 있었고, 환경에 대한 적응력이 뛰어나서 수시로 변종을 만들어내고 있다. 앞으로도 얼마든지 변종이 나타날 수 있다. 대부분은 인류에게 해를 일으키지 않지만 2019년 말에 중국에서 시작된 코로나19가 전 세계에 새로운 경험을 하게 했듯이 앞으로도 인류를 위협할 전염병은 언제든 출현할 수 있으므로 항상 주의를 기울이고 대비를 해야 할 것이다.

문명의 질병들

45세의 직장인 H 씨는 6개월 전에 실시한 건강검진에서 비만에 가까워지고 있으니 체중을 줄여야 한다는 검사서를 받았다. 우선 쉬운 운동부터 해보겠다는 생각에 편도 45분 거리를 걸어서 출퇴근하기 시작했다. 그러나 적어도 일주일에 한 번씩은 회식이 있다보니 밤늦게 택시로 귀가한 후 아침에 늦게 일어나 다시 택시로 출근하는 일이 잦아지게 되었다. 마음을 다잡기 위해 2개월 전부터 직장 근처 피트니스 센터에 등록을 했다. 2개월간 주말과 특별한 일이 있는 날을 제외하면 매주 3~4일은 한 시간 정도 땀이 흐를 정도로 운동을 해왔다. 하지만 섭섭하게도 H 씨의 허리둘레와 체중은 조금도 변하지 않은 채 2개월 전의 상태를 그대로 유지하고 있다. 이미 1년 이상 그 피트니스를 이용하고 있는 회사 동료는 지금까지는 몸을 만드는 시기였고, 조만간 체중이 빠지기 시작할 것이라며 격려를 해주었다. 소도시 출신인 H 씨의 부모님은 모두 날씬한 몸매를 가지고 있는데 왜 자신은 돈과 시간을 들여 운동을 해야 하는지 답

답하기만 하다.

20세기 내내 계속된 '마법의 탄환'을 찾는 작업은 헤아릴 수 없을 만큼의 신약을 선사해주었다. (파울 에를리히는 정상 세포는 비껴가면서 없애고 싶은 세포나 미생물만을 공격하는 물질을 마법의 탄환이라고 불렀다.) 이와 함께 20세기 중반까지 인류 역사를 통해 가장 많은 사람의 목숨을 앗아갔다고 할 수 있는 감염질환으로부터 해방되어가는 듯이 보였다.

제2차 세계대전 후 지구상에 평화가 찾아오면서 더 이상 전염병은 인류에게 문제가 되지 않는 듯이 보이기 시작했다. 의학자는 물론 일반인들 사이에서도 모든 질병을 정복할 수 있을 거라는 낙관이 싹트기 시작했다. 이와 같은 믿음은 감염질환이냐 아니냐에 관계없이 사람들이 모든 질환을 과거에 감염질환을 대할 때와 같은 방식으로 생각하게 되는 사고방식을 고착화했다.

그런데 인류가 감염질환으로부터 해방되자 다른 문제가 발생하기 시작했다. 수명이 늘어나자 과거에는 희귀했던 질병인 암, 관절염, 치매 등이 폭발적으로 늘어나기 시작했다. 또한 20세기 후반에 찾아온 생활방식의 변화는 질병의 양상도 바꾸었다. 고혈압, 당뇨병, 대사증후군 등 사람의 몸속에서 여러 물질이 생성되고 분해되는 과정, 즉 신진대사가 원활히 이루어지지 않는 대사성 만성질환이 인류를 위협하는 질병으로 자리 잡게 되었다. 한국인 10명 중 8명은 암, 심뇌혈관 질환, 당뇨병 등의 만성질환으로 인해 사망하고 있다.

자동차를 개발하면 그 전에는 존재하지 않던 교통사고에 의한 재해나 사망이 늘어나듯이 문명은 질병을 다양화할 가능성이 높다. 그러나 대신 문명은 이미 존재하던 질병을 크게 줄이거나 사라지게 하기도 한다. 산업혁명과 함께 등장한 결핵은 문명이 낳은 질병처럼 보였지만 문명이 더 발전하자 이제는 전과 같은 위력을 보이지 못하고 있다. 비타민이 알려지기 전에는 장기간 항해를 나가던 뱃사람들은 비타민 C 결핍에 의해 목숨을 잃는 경우가 많았다. 하지만 오늘날 비타민 결핍증은 더 이상 큰 문제가 되지 않고 있다. 수혈, 혈액형 발견, 호르몬 발견, 균형 있는 영양소 섭취 등은 과거에 흔하던 수많은 질병을 이제 더 이상 문제가 되지 않는 병으로 바꾸어놓았다.

문제가 되고 있는 당뇨병의 경우도 절대 환자 수는 늘고 있지만 좋은 치료 방법이 개발되면서 조기에 진단하기만 하면 당뇨병으로 인한 합병증으로 목숨을 잃을 가능성은 현저히 낮아지고 있다. 수많은 백신에 의해 감염성 질환을 예방하는 일이 가능해지고 있으며, 모기에게 물리지 않는 것만으로도 다양한 감염질환을 예방할 수 있다는 사실이 알려져 있다. 그래서 모기약과 모기장이 훌륭한 예방법이 되고 있다. 20세기 최고의 의학사학자로 추앙받은 헨리 지거리스트는 『문명과 질병(Civilization and Disease)』에서 "의학의 역사는 문명의 역사"라는 표현을 썼다. "문명이 진보함에 따라 질병에 맞서 싸우는 힘이 점점 더 커지고 더 효과적으로 대처할 수 있게 되었다. 그 싸움에서 가장 주된 무기는 의학이었다." 문명이 발전하면 의학 지식과 의료 기술도 발전할 뿐만 아니라 교통과 통신의 발달로 의학 지식과 의료 기술을 널리 전파할 수 있게 된다.

문명의 발전과 함께 수명은 계속해서 늘어나고 있다. 수명이 늘고 있다는 것은 질병에 의한 사망이 줄고 있다는 뜻이다. 1년간 1,000명당 사망하는 수를 보면 18세기에는 대부분의 나라에서 50 이하로 내려가지 않았지만 오늘날의 선진국에서는 8에서 15 사이의 숫자를 기록하고 있다. 어느 모로 보나 문명은 질병을 감소시키는 역할을 한다.

문명의 발전에 따른 생활양식의 변화는 중장년층의 비만, 당뇨병, 대사증후군, 고혈압 등을 증가시킴은 물론 젊은이들에게서도 이러한 질병이 증가하는 원인이 되고 있다. 생활양식의 변화에 의해 야기되는 질병은 생활양식을 바꾸는 것이 가장 합리적인 예방법이자 해결책이다. "인류의 생활양식이 바뀌어서 질병의 형태가 변해가니 질병을 해결하려는 인류의 태도도 바뀌어야 한다!"

우리는 항생제를 사용해서 감염질환의 원인을 극적으로 제거하는 사고방식에 익숙해져 있으나 21세기 질환인 만성질환은 그 원인이 매우 복잡하므로 감염질환에 대한 맞춤형 약과 같은 방식은 더 이상 통하지 않게 되었다. 현대의 만성질환에 대해 실제로 할 수 있는 일은 증상을 완화하는 것일 뿐 원인을 제거하는 치료는 불가능하다. 따라서 인류는 그동안 과학적 의학이 전해준 환상에서 벗어나 과학 너머에 있는 지식을 활용하여 현대의 질병에 대항해야 한다. 이것이 과학적 의학의 한계를 넘어서는 길이며, 과학적 의학 이외의 의학이 필요한 이유이기도 하다.

백신 개발이 더딘 이유

2019년 말에 처음 나타나 2020년의 지구를 한번도 경험하지 못한 새로운 상황으로 몰아넣고 있는 코로나19는 코로나바이러스 중 일곱 번째로 발견된 변종이다. 현미경으로 들여다보면 개기일식 때 태양 표면으로 빛이 발산되는 코로나와 비슷한 모양을 하고 있다고 해서 코로나라는 이름을 가지게 된 이 바이러스는 1930년대에 동물에게서 처음 발견되었으며, 1960년대에 사람에게서도 발견되었다. 처음 발견되어 229E와 OC43이라는 이름이 붙여진 두 가지 종류는 감기 증상만 일으킬 뿐 사람에게 별다른 해가 되지 않았으므로 관심을 가질 필요가 없었다. 2003년에 발견된 세 번째 변종 사스(중증급성호흡기증후군)와 2015년에 발견된 여섯 번째 변종 메르스(중동호흡기증후군)는 네 번째, 다섯 번째 변종 NL63, HKU1과 다르게 기저질환이 있어 면역력이 떨어진 환자가 걸릴 경우 생명을 잃을 가능성도 있어서 세계적으로 문제가 되었다. 하지만 다행히 한 해의 유행 후에는 사람에게 큰 문제를 일으키지 않고 있는 중이다.

그러나 일곱 번째 변종인 코로나19는 전 세계에 끝이 보이지 않는 혼란을 야기하고 있다. 세계보건기구는 1968년의 홍콩 독감(H3N2), 2009년의 신종플루(H1N1)에 이어 세 번째로 코로나19의 전 세계적인 대유행을 선언했다. 신종플루가 91년 만에 다시 찾아온 것과 달리 코로나19는 처음 나타난 바이러스다. 신종플루는 우리나라에서만 확진 판정을 받은 환자가 74만 명이 넘었고, 치료약인 타미플루를 처방받은 환자는 500만 명을 넘길 정도로 위력이 대단했다. 전 국민 중 상당수가 신종플루 환자들과 접촉을 했고, 진단을 받지 않고 약도 사용하지 않은 사람들 중에서도 많은 이들이 신종플루를 일으키는 바이러스에 감염된 것으로 추정될 정도였다.

그와 비교하면 코로나19는 환자 수로는 신종플루에 훨씬 못 미치지만 사망률이 세계적으로 7퍼센트(우리나라는 3퍼센트 이하)에 이른다(유행이 진행될수록 사망률이 조금씩 올라갈 가능성이 크다). 사망률이 0.1퍼센트가 채 되지 않는 신종플루보다 훨씬 높은 것이 사람들을 공포에 몰아넣은 이유라 할 수 있다. 또한 신종플루의 경우 타미플루라는 치료약이 초기부터 알려졌고, 타미플루로 치료를 시작한 직후 내성을 가진 바이러스의 존재가 알려지자마자 리렌자라는 약이 효과가 있음이 또 알려져 설사 신종플루에 걸린다 해도 치료가 가능하다는 희망을 가질 수 있었던 것이 세계인이 공포를 가지지 않은 이유였다.

그러나 코로나19는 발견 후 4개월이 지나도록 가능성 있는 약을 찾고 있다는 보도만 있을 뿐 '특정 약을 사용하면 치료가 가능하니 그 약을 사용하라'는 권고를 하지 못했다. 치료약이 없으니 병원에 가서 증상에 맞추어 치료하는 대증요법을 시도하여 나으면 다행이고, 낫지 않으면 바이러스를 죽일 수 있고 부작용이 적은 약을 의사가 임의로 선택하여 치료를 해야만 하는 상황이었다. 어느 누구도 어떻게 치료하는 것이 가장 좋은가에 대한 표준치료법을 제시하지 못한 상태로 수개월을 보내는 동안 코로나19는 활개를 치고 다녔다.

치료약이 없으면 백신을 개발하여 예방이라도 할 수 있어야 한다. 사람의 몸은 외부에서 침입한 물질이나 생명체에 대해 맞서 싸울 능력을 가지고 있으며, 이를 면역력이라 한다. 미생물을 예로 들면, 혈액 속의 백혈구는 새로운 미생물이 침입해올 경우 맞서 싸울 수 있는 항체를 합성한다. 처음에 맞서 싸울 때는 항체 합성 능력이 강하지 못하다. 그러니 미생물의 힘이 강하거나 빨리 증식하면 이를 완전히 해결하기까지 꽤 긴 시간이 걸리고, 증상도 심하게 나타난다. 그러나 사람의 몸은 학습효과와 기억력이 있다. 다음에 똑같은 미생물이 침입해오면 이번에는 더 빨리, 더 많이 항체를 합성해낸다. 코로나19가 유행하면서 "자연면역에 의해 코로나19를 해결할 수 있을 때까지 기다려야 한다"는 이야기가 떠돌기도 했는데 자연면역이 바로 이런 현상을 가리키는 것이다. 그러나 자연면역은 심한 증상을 겪어야 하거나 때로는 많은 사람이 죽은 후에야 얻을 수 있다. 또 변이를 잘 일으키는 미생물은 사람이 면역력을 획득하자마자 새로운 모습으로 탈바꿈하여 사람의 면역력을 무위로 만든다. 자연면역이 우연히 얻어지는 경우는 다행이지만 자연면역으로 감염질환을 해결하려는 생각은 위험하다.

백신은 위험한 미생물이 침입하기 전에 그 미생물에 맞서 싸울 수 있는 항체 생성 능력을 미리 키워주는 것이다. 이를 위해 약독화하거나 사멸한 미생물을 사람의 몸속에 넣는다. 이때의 미생물은 이미 약해지거나 죽은 탓에 사람의 몸에 해를 일으키지 않지만 사람의 몸은 이와 맞서 싸울 항체 합성 능력을 키운 후 다음에 실제로 미생물이 침입하면 그 능력이 더 잘 나타나므로 면역력이 커지는 것이다. 이것이 감염병 예방을 위해 백신을 접종하는 원리다. 이론적으로는 백신 개발이 어렵지 않지

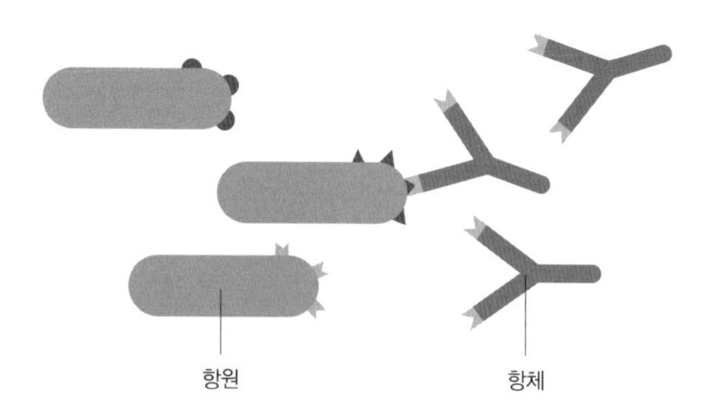

몸속에 특정 병균이 들어오면 항체가 생성된다. 이 항체가 특정 병의 원인이 되는 항원과 결합해 병원성을 소멸시킨다. 이를 몸속의 기억세포가 기억해 특정 병에 면역력이 생긴다.

만 백신을 개발한다 해도 실제로 효과가 있는지를 반드시 검증해야만 한다. 코로나19 백신 개발이 더딘 것도 이 때문이다. 신종플루 유행 때 치료제로 쓰인 타미플루나 리렌자는 신종플루를 위해 새로 개발한 약이 아니라 이미 개발되어 있던 약 중에서 신종플루 치료에 적합한 것을 찾아낸 것이었다.

새로운 약을 개발하기 위해서는 세포와 실험동물을 이용한 시험을 거친 후 엄격한 임상시험을 통해 효과를 입증하고 부작용이 감당할 만한 정도임을 확인해야 하므로 적어도 수년의 시간이 걸린다.

따라서 새로운 전염병이 나타나면 이미 개발되어 있는 약 중에서 이론적으로 그 전염병 치료에 사용할 수 있을 만한 약을 찾아서 치료 효과를 시험하여 빨리 약으로 채택하는 방법을 사용한다. 신종플루는 수많은 A형 독감 중 하나에 속하므로 조류독감(H5N1)처럼 다양한 종류의 A형 독감 치료를 위해 이미 개발해놓은 약을 시험하여 효과적인 약을 찾을 수 있었다.

이 와중에 각국 정부에서 코로나19 백신이나 치료약에 대한 임상시험을 신속히 시행한다는 소식이 들려온다. 정부의 의지대로 신속히 진행할 수 있다면 왜 수년의 시간이 걸리는 것일까? 또 모든 백신이나 치료약을 신속히 개발하면 안 되는 것일까?

약을 개발해온 역사에서 부작용으로 유명한 약은 1957년부터 1960년대까지 판매된 탈리도마이드이다. 이 진정제는 입덧에 효과가 있어 임산부들이 많이 복용했다. 그런데 이 약을 복용한 산모는 팔다리가 기형적으로 짧은 아이를 낳았다. 약 1만 2천 명의 기형아가 태어난 뒤에야 약의 판매가 중지되었다. 이 약은 동물실험에서는 부작용이 나타나지 않았다. 그래서 제약회사는 '무독성' 제품이라고 대대적으로 광고를 했다. 이 비극적인 사건의 전모가 밝혀진 후 의약품에 대한 강력한 규제가 이루어지기 시작했다. 사람을 대상으로 한 엄격한 임상시험을 거쳐서 안전성과 효능이 입증된 신약만이 판매되기 시작했다.

첫 노벨 생리의학상 수상자인 베링은 자신이 개발한 디프테리아용 백신을 고아원 어린이들을 대상으로 시험했다. 이때 고아원 원장의 허락을 받았다는 기록이 남아 있다. 하지만 오늘날의 기준으로 보자면 보육원 원장에게는 이를 허락할 자격이 없으며, 불가피한 사유가 없는 한 보육원 같은 집단시설에서 거주하는 아이들을 대상으로 임상시험을 할 수가 없다. 그 후로 지금까지 100년이 훨씬 넘는 시간이 흐르면서 수많은 백신과 약이 개발되었지만 임상시험을 통해 부작용에 대해 엄격한 심사를 거쳐야 하는 점은 더욱 강조되고 있다.

안전성과 효과에 대한 임상시험이 완전하지 않은 상태에서 코로나19 백신을 사용한다고 가정해보자. 전 국민의 50퍼센트가 백신을 접종받는다고 하고, 0.1퍼센트에서 부작용이 나타난다고 가정하면 전 국민의 0.05퍼센트인 약 3만 명이 피해를 입는 셈이 된다. 코로나19 환자가 우리나라에 처음 발생한 후 4

개월이 지나는 동안 약 11,000명의 환자가 발생하여 2.6퍼센트가 목숨을 잃었고, 약 90퍼센트가 회복되어 사회로 복귀한 것을 감안하면 부작용이 있을 수 있는 백신을 사용하는 것이 얼마나 위험한 일인지 쉽게 이해가 갈 것이다.

최고의 노화 방지법

한국인의 평균수명이 80세를 넘어섰고, 40세 때 특별한 이상이 없는 사람들은 기대수명이 85세를 넘길 정도로 수명이 길어졌다. 지난 반세기 동안 한국인들의 수명은 2년마다 거의 한 살씩 증가되었다. 따라서 지금 태어나는 아기들의 수명은 100세를 훌쩍 넘길지도 모를 일이다. 그런데 통계에 의하면 수명이 크게 늘어났음에도 불구하고 질병 없이 사는 기간을 표시하는 건강수명은 그리 증가되지 않았음을 알 수 있다.

늙어 죽지 않고 영생하는 것은 공상과학소설에서나 가능한 일이다. 인간은 왜 이 세상에서 사라져야만 하는 것일까? 우리의 먼 조상이라 할 수 있는 세균은 어떤 측면에서는 사라지지 않고 영생이 가능하다고도 할 수 있다. 세균은 자손을 낳고 사라지는 것이 아니라 분열하는 방법을 선택했기 때문이다. 그러나 다세포생물은 죽어 없어지는 방법을 선택했으므로 아무리 영원한 이별이 슬픈 일이라 해도 생명이 다하면 이 세상에서 사라져야 하는 것이 자연의 섭리다.

그런데 노화가 생기는 원인은 무엇일까? 아직까지 노화에 대한 연구가 충분히 진행되지 않아서 노화의 정확한 기전을 알지는 못하지만 일반적으로 프로그램 이론과 손상 이론을 이야기한다. 프로그램 이론은 생명이 처음 시작될 때부터 생물체 내에 존재하는 특정 생물학적 인자들이 노화를 진행하는 방향으로 기능을 한다는 이론이다. 이 이론이 옳다면 태어나는 순간부터 노화가 시작되고, 인간의 힘으로는 이를 막을 수가 없으므로 죽을 때까지 계속해서 늙어가게 된다. 손상 이론(또는 에러 이론)은 사람을 비롯한 생물체의 몸에 손상을 일으키는 수많은 환경 요인들이 복합적으로 작용해서 정상적인 기능을 방해한다는 이론이다. 해로운 환경 요인이 생물체의 정상 기능을 막음으로써 그때마다 이러한 나쁜 자극에 의해 노화가 진행된다는 것이다.

연구자들은 수명을 연장시키는 방법으로 '운동'을 꼽는다. 운동이 수명을 연장시킬 수 있는 것은 스트레스에 의해 야기되는 텔로미어(염색체 끝에 존재하는 부분)의 길이 감소를 방지하기 때문이다. UCSF의 엘리사 에펠(Elissa Epel) 등은 "사람의 수명을 결정하는 텔로미어의 길이는 유전, 사람의 생활양식, 스트레스 등의 영향을 받으며, 운동을 열심히 하면 텔로미어의 길이가 짧아지지 않도록 보호를 받을 수 있다"는 논문을 발표했다.

텔로미어라는 용어가 익숙하지 않으신 분들은 1996년에 복제양 돌리가 태어났을 때 매스컴의 보도 내용을 떠올려보시기 바란다. 돌리가 태어난 직후에는 복제가 성공한 줄 알았지만 겉보기와 달리 실제로 몸속에 들어 있는 텔로미어의 길이는 엄마의 것과 같았으므로 오래 살지 못할 것이라는 사실이 알려졌고, 실제로 돌리는 제 수명을 다하지 못했다. 그 직후 관련 연구자들이 동물 복제시 텔로미어의 길이를 보존하는 방법을 알아내어 문제를 해결하기는 했지만 말이다.

텔로미어의 분자 특성과 텔로미어의 길이를 온전하게 유지하는 효소인 텔로머라아제를 발견한 공로로 2009년에 노벨 생리의학상을 수상한 미국의 분자생물학자 엘리자베스 블랙번(Elizabeth Blackburn)도 에펠의 연구에 공동 연구자로 참여를 했다. 현재는 텔로미어의 길이가 짧아지는 것이 수명은 물론 당뇨병, 심장동맥질환 등과도 관련이 있다는 사실이 밝혀졌다. 이 연구팀은 활기찬 운동을 함으로써 세포 노화를 억제할 수 있으며, 그 기전은 정신적 스트레스가 텔로미어에 손상을 가하는 것에 대해 운동이 보호 기능을 하기 때문이라 주장했다. 일주일에 3회씩 45분 동안 운동을 하는 경우에 스트레스에 의해 텔로미어 길이가 짧아지는 효과를 감소시킬 수 있는 것으로 나타났다. 이와 관련하여 미국 질병통제센터는 성인의 경우 매주 75분간 격렬한 운동을 하거나 150분간 중등도의 운동을 하라고 권하며, 사춘기에 해당하는 청소년들은 매일 90분간 운동할 것을 권하고 있다.

영양 습관도 중요하다. 채소를 많이 먹어야 할까? 고기를 많이 먹어야 할까? 정답은 '골고루 먹어야 한다'이다. 음식을 통해 섭취하는 영양분의 기능이 인체 내에서 서로 다르고, 각 영양소는 모두 인체에 필요하므로 골고루 먹는 것이 중요한 것은 당연하다. 근대 이전에는 절대적으로 육류 섭취량이 부족했으므로 채소와 탄수화물이 포함된 음식을 주로 먹다보니 가끔 고기를 먹게 되면 훨씬 맛을 잘 느끼며 식사를 할 수 있었다. 그러나 이제는 상황이 달라졌다. 현대인들은 육류를 많이 섭취하지 않더라도 건강을 유지할 수 있게 되었지만 (진화에 의해 형성된) 과거의 입맛은 오늘날에도 고기를 먹을 때 먹는 즐거움을 더 크게 느끼게 한다. 이것이 건강 프로그램이나 신문 기사에서 '고기를 많이 드세요'보다는 '채소를 많이 드세요'라는 조언을 하게 된 이유다.

채소로 된 식단을 주로 제공하는 뷔페식당에서 "인체를 활성화시키는 비타민이 듬뿍 든 채소를 양껏 드십시오"라는 광고를 본 적 있다. 이 말이 전적으로 옳다고 할 수는 없지만 채소에는 항산화 효과를 지닌 비타민 C와 비타민 P가 많이 들어 있으므로 인체에서 일어나는 산화 과정을 약화시킬 수는 있다. 인체의 산화 과정에서 많이 발생하는 프리 라디칼(free radical)은 스트레스의 요인이 되기도 하고, 노화를 야기하는 물질로도 알려져 있는 등 몸에 해로운 영향을 일으키므로 얼른 제거해주어야 한다. 이를 흔히 항산화 효과라 하며, 채소를 많이 섭취하면 이 효과를 잘 일으키는 영양소를 충분히 공급하게 된다.

의사는 자극을 주는 사람

비만 자체를 질병이라 하기에는 약간 곤란한 면도 있다. 하지만 비만은 고지혈증, 대사증후군, 고혈압, 당뇨병 등 여러 가지 만성질환을 유발할 수 있다. 잠잘 때 심하게 코를 고는 것도 비만과 관련이 있으며, 비만한 사람이 암 발생 빈도가 높고 치료 효과가 적다는 연구 결과도 있다.

비만은 유전과 환경이 반반 정도 관여하는 결과로 생각된다. 절경으로 유명한 미국 애리조나의 그랜드 캐니언에서도 특히 경치가 좋은 곳이 몇 군데 있는데 그중 하나가 원주민 부족인 피마족(Pima)에서 따온 피마 포인트다. 피마족은 20세기 말에 비만과 당뇨병 환자가 갑자기 늘어나서 매우 유명해진 부족이다. 피마족은 약 3만 년 전 베링 해협을 건너 북아메리카 대륙으로 이주해온 이들의 후손으로 추정된다. 이들 중 일부는 미국 애리조나에 정착했고, 일부는 더 남쪽으로 내려가서 멕시코 산지에 정착했다.

1979년 애리조나 피닉스 대학교 연구팀은 미네소타의 다른 인디언 부족들과 비교했을 때 애리조나 피마족들의 당뇨병 발병률이 19배나 높다는 사실을 발견했다. 또 애리조나의 피마족들과 달리 멕시코의 피마족들은 당뇨병과 비만 발병률이 매우 낮다는 사실도 알아냈다. 유전적 요인이 같은데 건강 상태에 왜 차이가 있는지를 조사하던 중 애리조나의 피마족들도 1950년대까지는 비만이나 당뇨병이 거의 없었다는 사실을 확인했다.

가장 큰 이유는 생활습관의 차이였다. 멕시코의 피마족들은 전통적인 생활방식을 유지했지만 미국의 피마족들은 설탕과 포화지방이 많은 음식을 먹었고, 노동의 양이 줄어들었다. 칼로리 소모가 줄고, 칼로리 섭취는 늘어난 것이 비만과 당뇨병 발생의 원인으로 판명된 것이다.

현재의 인류는 본인이 원하든 그렇지 않든 기회만 있으면 영양소를 축적할 수 있는 능력을 갖출 수밖에 없는 환경에서 살아남은 자들의 후예다. 맹수가 한번 사냥을 하면 며칠간 배를 두드리며 푹 쉬듯이 인류도 먹을거리가 있으면 얼른 배에 넣고 언제 또 마련될지 모를 음식을 구할 때까지 보존할 수 있는 능력을 키워야만 했다. 이것이 달콤한 음식을 보면 조금이라도 더 몸속에 저장하기 위해 식욕을 자극하는 것과 같은 원리다. 의학이 발달하여 지식이 풍부해진 지금 달콤한 디저트가 비싸고 건강에 전혀 도움이 되지 않는 걸 익히 알고 있더라도 사람의 자율신경계는 빨리 디저트를 섭취하라는 신호를 주는 것이다.

현대인들의 라이프스타일(생활습관)이 변한 것이 만성질

환 증가의 원인이기도 하지만 수명이 늘어난 것도 또 다른 원인이라 할 수 있다. 수명이 짧으면 치매, 관절염, 암 등 여러 가지 만성병들이 발견되기 전에 세상을 떠날 가능성이 높고 수명이 길어지면 만성병이 늘어날 수밖에 없다.

수명이 증가되는 것이 바람직한 일이기는 한데 단순한 수명 증가보다는 건강수명의 증가가 더 중요하다. 건강수명이란 전체 수명 중에서 건강하게 지내는 기간을 계산한 것이다. 오래 살되 건강하게 사는 것이 누구나 원하는 일일 텐데 그러기 위해서는 적절한 운동, 적절한 영양 섭취, 적절한 음주, 금연, 스트레스 없는 생활 등 기본이 중요하다. 라이프스타일이 건강과 관련이 크다는 것은 이미 수십 년 전부터 알려져 있었지만 이를 다루는 라이프스타일 의학(lifestyle medicine)을 주제로 의학자들이 학술행사를 가진 것은 1989년이 처음이었고, 1990년부터 논문의 주제로 등장하기 시작했다.

라이프스타일 의학의 선구자라 할 수 있는 미국의 제임스 리페(James Rippe)가 주동하여 1999년에 1300쪽이 넘는 『라이프스타일 의학』 교과서를 발행했다. 이 책에서는 라이프스타일 의학을 "만성병에 대한 위험인자를 줄이기 위해 사용하는 의학적 처치에서 라이프스타일과 관련된 모든 것을 통합한 학문이고, 질병이 이미 발현했다면 치료에 이용되는 의료기술도 포함한다"라고 정의하고 있다. 미국에 이어 호주에서도 『라이프스타일 의학』 교과서가 발행되었다. 대표 저자인 게리 에거(Garry

Egger)는 "라이프스타일에 관련된 건강 문제에 대해 환경, 행동(behavior), 의학, 동기부여가 종합적으로 이루어져야 한다"고 했다. 2007년의 2판에서는 여기에 '스스로 돌보기'를 추가했다. 현대인들은 건강에 관심은 있지만 스스로 잘 돌보지 않으니 스스로 돌볼 수 있게 자극을 주는 것이 라이프스타일 의학에서 해야 할 일이라는 뜻이다.

2장

의사가 되는 과정

최초의 서양 의사

우리나라 최초의 서양식 병원은 1885년 미국의 선교 의사 호러스 알렌(Horace Allen)이 고종의 허락을 받아 세웠던 제중원이다. 그런데 그보다 앞서 부산에 서양식 병원인 제생의원이 세워지기는 했다. 일본은 1876년 조일수호조규(강화도조약)가 체결된 뒤로 조선에서 살고 있는 일본인들을 위해 1877년 2월 11일 제생의원을 세웠다. 조선 최초의 서양식 병원이라 할 수 있는 제생의원을 우리 역사로 인정하지 않는 것은 일본에 의한, 일본을 위한, 일본의 병원이었기 때문이다. 이 병원은 일본 해군이 운영하던 병원으로 8년 만에 문을 닫았다. 조선 최초로 종두법을 실시하여 천연두 예방에 공헌한 지석영이 종두법을 배우기 위해 1879년에 제생의원을 방문한 것이 우리 역사에 대한 거의 유일한 공헌이었다.

우리나라 최초의 서양 병원과 의사는 모두 '갑신정변'과 관련이 있다. 일본의 선진 문물을 경험한 김옥균, 박영효, 서광범, 홍영식, 서재필 등 청년 양반들은 하루 빨리 나라를 근대식으로 개혁해야 한다고 주장했다. 그러나 이미 실권을 잡고 있던 정부 관리들은 이들의 생각이 너무 급진적이라면서 받아들이지 않았다.

이들 급진 개화파들은 1884년(갑신년)에 정변을 일으켰다. 일본 관리가 군대를 동원해 도와주겠다는 약속을 믿은 것이다. 이들 개화파들은 연회 장소에서 폭탄을 터뜨리고, 자객을 동원해 개혁을 반대하는 관리들을 암살했다. 개화파는 잠시 정변에 성공하는 듯했으나 믿었던 일본이 군대를 빨리 보내지 않은 상태에서 청나라 군대가 먼저 도착함으로써 정변은 3일 천하로 끝났다.

그런데 갑신정변 때 민영익(고종의 외사촌)이 칼에 맞아 사경을 헤매게 된다. 외교 고문이던 독일인 묄렌도르프는 알렌을 추천했고, 알렌은 외과 수술을 통해 민영익을 살려내는 데 성공한다. 고종이 알렌에게 감사의 표시로 원하는 걸 이야기하라고 하자, 알렌은 서양식 병원을 열게 해달라고 한다. 그렇게 해서 1885년 4월 10일 조선 최초의 서양식 병원인 제중원이 문을 열게 된다. 제중원에서는 1886년부터 의학교육을 시작했으나 학생들이 대부분 중도에 그만두어 결실을 맺지 못했다. 1893년 제중원을 맡은 올리버 에비슨(Oliver Avison)이 다시 의학교육을 시작하였고, 다소간의 어려움이 있었으나 마침내 1908년 김필순, 홍석후, 박서양 등 우리나라 최초의 면허의사 7명을 배출하였다. 한편 조선 정부에서도 1899년 지석영이 교장을 맡은 관립 의학교육기관인 '의학교'를 설립하여 의사를 양성하였다.

한편 갑신정변이 3일 천하로 끝나자 김옥균, 박영효, 서광범, 서재필 등은 일본으로 도망을 쳤다. 일본은 이들을 홀대했고 박영효, 서광범, 서재필은 이듬해에 미국으로 건너갔다. 반겨주는 이 없는 미국에서 생활고를 겪게 된 이들은 뿔뿔이 흩어지게 되었다. 서재필은 혼자 공부를 하면서 영어 실력을 쌓아가던 중 펜실베이니아의 사업가 존 홀렌백의 도움으로 대학에 다닐 기회를 가지게 되었다. 홀렌백은 독실한 기독교 신자로, 장차 서재필이 고국으로 돌아가 선교 사업을 하겠다면 대학 공부를 지원하겠다고 했지만 죄인이 되어 고국을 떠난 서재필은 이 제안에 응할 수가 없었다. 1888년 1월에 워싱턴 DC로 옮겨가 육군의학박물관에 번역생으로 취업을 했다. 생활이 안정된 서재필은 코코란 공대에 잠시 다니다 1889년 10월 컬럼비안 대학(지금의 조지워싱턴 대학)의 3년제 야간학부에 들어갔다. 수업은 10월 초부터 3월 초까지 연간 5개월만 진행되었고, 3년 중 1년은 4~5월에 한 강좌를 더 공부하는 것으로 구성되어 있었다. 서재필은 1890년에 미국 시민권을 얻으면서 이름을 필립 제이슨으로 바꾸었다. 그리고 1892년 3월에 의과대학을 졸업함으로써 한국인 최초의 서양 의사로 기록되었다. 1893년에는 가필드 병원에서 인턴 과정도 마친 것으로 알려져 있다.

1894년 갑오개혁이 일어난 후 조선 정부는 박영효, 서광범, 서재필을 귀국시켜 요직에 등용하려 했다. 1895년 서재필은 미국인 필립 제이슨의 자격으로 귀국하여 조선 정부의 후원으로 다양한 일을 했으나 조선 정부와의 갈등 끝에 다시 1898년 미국으로 돌아갔다. 해방 후 미군정은 그를 고문으로 임명했고, 한편에서는 이승만 대신 그를 대통령으로 추대하려는 움직임이 있기도 했다. 하지만 1948년 이승만이 대통령에 당선되자 미국으로 돌아가 1951년 필라델피아에서 세상을 떠났다.

서재필이 의사면허를 받은 후부터 세상을 떠날 때까지 그의 국적은 미국이었으므로 한국 최초의 서양 의사라 할 수 있는지는 의문의 여지가 있다. 그다음으로 거론할 수 있는 인물은 1870년에 태어나 1896년에 국비 장학생으로 도쿄 지케이의원 의학교에서 의학 공부를 시작한 김익남이다. 1899년 의학교를 졸업한 그는 지케이의원 의학교에서 의사로 일하면서 전공의 과정을 밟았다. 이후 귀국해 1900년 7월부터 의학교 교관이 되어 학생들을 가르쳤다. 1904년 9월까지 일을 하면서 32명의 의사를 배출했다. 이후 교관을 그만둔 김익남은 군의관으로 일하다 나라를 빼앗긴 후에는 만주로 가서 의사로 활동했다. 말년의 행적은 잘 알려져 있지 않다. 김익남은 1937년에 상왕십리 자택에서 세상을 떠났다.

현대식 의학교육의 탄생

미 육군 군의관 월터 리드(Walter Reed)는 1900년 황열의 원인을 밝혀낸 것으로 유명하다. 리드가 얼마 지나지 않아 세상을 떠나자 미 육군은 그의 업적을 기리기 위해 육군 병원의 이름을 월터 리드 종합 병원(Walter Reed General Hospital)으로 바꾸었다.

이런 리드가 의사면허를 받은 것은 1869년, 만 18세가 되기 2개월 전이었다. 오늘날이라면 대학에 들어갈 나이도 아닌데 의사면허를 받을 수 있었던 것은 그가 다닌 버지니아 대학의 교육기간이 1년이 채 안 되었기 때문이다. 두 번째로 입학한 뉴욕 대학의 벨레뷰 병원 의과대학을 졸업한 것은 1870년이었다. 의과대학을 두 번 다녔지만 총 교육기간은 2년이 채 되지 않은 것이다.

오늘날 의사면허시험을 치기 위해서는 대학에서 적어도 6년의 의학 공부를 해야 하는 데 반해 20세기가 시작되기 전 의학교육은 참으로 간단하게 이루어졌음을 짐작할 수 있다. 실제로 19세기 내내 미국에서는 의사를 양성하는 교육기관이 설립되었다가 사라지기를 반복하곤 했다. 유럽에서는 중세 말기에 대학이 설립되면서 법학, 신학과 함께 의학은 대학에서 공부하는 대표적인 학문이 되었지만 미국에서는 17세기에도 도제 교육에 의해 의사가 양성되었다. 의사의 조수로 일하다가 교육기간이 끝나면 의사로 활동하는 식이었으므로 가르치는 선생이 어떻게 하느냐에 따라 제자의 실력이 결정되었다. 18세기 초에는 도제 교육에 만족을 하지 못한 학생들이 유럽의 학교로 유학을 떠나는 일이 흔했다. 유학에서 돌아오면 대우를 잘 받았고, 이들의 경험과 지식이 미국의 젊은 의학도들에게 좋은 자극을 주었다.

그러던 중 1765년 필라델피아 대학에 의과대학이 설립된 후 대학 교육과정의 하나로 받아들여지기 시작했다. 하버드 대학이 1788년, 예일 대학이 1810년, 트란실바니아 대학이 1817년에 의과대학을 설립하는 등 대학에서 의학교육을 담당하기 시작하면서 의과대학이 마구 늘어나 1876년에는 약 100개의 의과대학이 존재하고 있었다. 백 년이 조금 넘는 기간 동안 수백 개의 의대가 생겨났다가 없어지곤 했다. 의과대학이 문을 닫은 이유는 교육과 운영이 부실하여 유지하기가 어려웠기 때문이다. 개업의사 6명이 모이면 의과대학 하나가 만들어진다는 이야기가 있을 정도로 도제식으로 의사를 양성하던 시스템이 급격하게 의과대학이라는 제도권 안으로 들어가다보니 새로운 문제가 생겨났던 것이다.

그런데 1893년에 설립된 존스홉킨스 의과대학은 설립 초기부터 최고의 의과대학을 꿈꾸었다. 교육과정은 4년제였고, 지원자들에게 입학 조건으로 학사학위를 요구했다. 존스홉킨스가 정립한 교육과정을 보면 실질적으로 대학 기능을 갖춘 미국 최초의 의과대학이라 할 수 있다.

20세기 초가 되자 의사 수가 충분해졌고, 그러자 의사의 자질이 문제가 되기 시작했다. 일반인들 입장에서는 병원에서 만나는 의사가 대단한 능력을 가진 사람으로 느껴지는 경우도 있고, 돌팔이처럼 느껴져서 의사의 진료에 전혀 만족하지 못하는 경우도 있겠지만 후자가 점점 늘어나고 있다고 생각하는 것이 문제였다. 의사는 많았지만 돌팔이처럼 보이는 이들도 많았던 것이다.

1908년 카네기 재단은 미국의 의학교육에 대한 연구를 아브라함 플렉스너(Abraham Flexner)에게 맡겼다. 대학 교육이 제대로 잘 이루어지고 있는지 현황을 파악하고, 더 좋은 교육을 하기 위한 개선책을 제안하기 위한 것이었다. 카네기 재단은 천차만별인 대학 교육을 개선하여 더 좋은 단과대학이나 종합대학으로 성장할 기반을 마련하고자 했다. 교육자인 아브라함 플렉스너는 의과대학을 차례로 방문하고, 미국의사협회와 미주의과대학협회가 가지고 있는 자료와 대조하여 의대 교육 실태와 개선책에 대한 보고서를 1910년에 제출했다. 이 보고서 내용을 요약하면 다음과 같다.

- 과거 25년 동안 제대로 교육받지 못하고 잘못 훈련된 의사들이 너무 많이 배출되었다.
- 상업적 성격의 의과대학이 많고, 과장된 광고로 준비되지 않은 지원자를 유인했기 때문이다.
- 의과대학 운영이 이익이 되는 것은 주로 강의를 통해 교육시키고 있기 때문이다.
- 불필요하고 부적절한 의과대학이 많은 것은 가난한 학생들을 위한 것으로 정당화되었다. 그러나 결과적으로는 가난한 학교를 위해 의과대학이 많아졌다.
- 수준 높은 병원은 양질의 의학교육을 위해 반드시 필요하다.

그의 보고서는 이후 의학교육 개선 방향을 정하기 위한 지침서 역할을 하게 되었다. 미국의 의대 교육은 과학에 바탕을 둔 의학을 중심으로, 존스홉킨스의 이상적인 교육과정과 유사하게 기초의학 2년, 임상의학 2년을 합쳐 4년제로 구성되었으며 의학을 공부하기 전에 학부 교육에서 기초과학 지식과 의사로서의 소양과 사명감을 가지도록 했으며, 학교 측은 임상실습이 제대로 이뤄질 수 있도록 하기 위해 좋은 부속병원을 보유하는 식으로 개선이 이루어졌다.

플렉스너가 보기에 당장 환자에게 도움이 되는 것은 임상의학이지만 의학이 발전하기 위해서는 기초의학에서 좋은 성과를 얻는 것이 무엇보다 중요했다. 프랑스의 파스퇴르가 예방백신으로 전염병을 예방하고, 독일의 코흐가 전염병의 원인이 되는 세균을 발견할 수 있었던 과정은 과학적 연구방법에 바탕을 둔 것이었다. 플렉스너는 과학에 바탕을 둔 의학이 발전해야 실제로 의학이 발전한다고 생각했다. 이것이 4년의 교육과정 중 2년을 기초의학 공부에 할애한 이유다.

보고서의 영향으로 무수히 많은 의과대학이 폐교되었다. 1910년에 미국과 캐나다에는 155개의 의대가 존재했는데 1922년에는 81개, 1929년에는 76개로 대폭 감소했다. 교육 여건을 제대로 갖추지 못한 의과대학은 도태의 길을 걸어간 것이다. 미국은 대학을 졸업한 후 의과대학으로 진학하는 교육체제를 선택했으므로 의사가 되기 위해서는 고등학교 졸업 후 적어도 4+4년의 시간이 필요하게 되었다. 그러나 다른 나라들은 기초의학 2년과 임상의학 2년으로 이루어진 교육과정을 선택하여 운영하면서도 학사학위를 요구하지 않고 2년간의 입학준비기간에 해당하는 의예과를 별도로 운영하기 시작했다. 이것이 미국을 제외한 많은 나라에서 6년제 의학교육과정을 가지게 된 유래다.

지난 110년간 플렉스너의 보고서는 전 세계 의학교육의 표준화에 큰 역할을 했다. 그러나 지금은 20세기 말부터 시작된 의학교육 개선에 의해 나라별, 학교별로 특징을 지닌 의학교육과정을 운영하는 식으로 바뀌어가고 있다.

의사가 되기 위해 공부해야 하는 과목

우리나라 고등교육법에 따르면 대학 교육은 4~6년을 하게 되어 있다. 오래전부터 의과대학, 치과대학, 한의과대학, 수의과대학은 6년제로 운영되었다. 약학대학은 4년제로 운영되다가 2009년부터 다른 학과에서 2년간 공부한 후 4년제 약학대학으로 편입하는 형태로 바뀌었는데 2022년부터는 한 학교에서 6년간 공부하는 제도로 바뀔 예정이다.

일반적으로 대학에서 4년을 공부하는 것과 달리 의료계열 학과들이 6년제로 운영되는 것은 공부해야 할 것이 많기 때문이다. 예전에는 "타과 학생들이 모두 공부를 안 해도 의과대학생들은 공부를 한다"는 이야기도 있었지만 요즈음은 취업이 어려워져서 거의 모든 과 학생들이 워낙 공부를 열심히 하므로 의과대학생들만 공부를 열심히 하는 것은 아니다. 대학 시절에 공부를 비롯하여 준비하고 경험해야 할 일이 전보다 훨씬 많아졌다.

각 대학에서 무엇을 얼마나 교육하고, 학생들이 공부하게 할지를 결정하려면 교육 목표가 분명해야 한다. 1910년에 의학교육개혁이 일어나기 전에는 무엇을 얼마나 가르쳐야 하는지에 대해 분명한 목표가 없었다.

그로부터 100년 이상이 지나는 동안 의학은 비약적으로 발전했다. 이전과 비교하여 가장 큰 차이점은 전문의 제도가 생겨난 것이다. 1910년 플렉스너가 구분한 과목이 모두 점점 더 발전하면서 그 과목에서 다루는 지식의 수준이 아주 높아졌고, 이를 의과대학생들이 전부 다 공부하기에는 양이 너무 많아졌다. 그 결과 의과대학을 졸업하고 의사면허증을 받은 의사들이 자신이 관심을 가진 전문과목을 선택하여 더 깊이 있게 공부를 한 후 전문의 자격을 획득하여 그 전문과목을 다루는 전문의로 활동하는 일이 보편화했다.

존스홉킨스 의과대학이 설립될 때는 교수들이 의학교육과정을 만드는 일에 직접 관여하면서 다른 교수가 담당하고 있는 모든 교육과정을 이해하려 노력했으므로 중복 교육이 많지 않았다. 하지만 의학이 점점 발전하면서 각 과목에서 다루어야 할 내용이 끝을 모른 채 늘어나고 있다. 전문과목도 세세히 나뉘다보니 의사라 해도 자신의 전공 분야가 아니면 이해하기가 점점 어려워지고 있다.

전 세계 의과대학에서 표준화하다시피 한 의학교육과정은 2년간 해부학, 생리학, 생화학, 약리학, 미생물학, 기생충학, 예방의학, 병리학 등 8개 기초의학을 중심으로 공부를 하고, 다음 2년간 환자를 보는 데 직접 필요한 임상의학 과목을 공부하는 것이다. 해부학은 인체의 구조를 다루는 학문이고, 생리학은 인체의 기능을 다루는 학문이다. '생리'는 '생명의 이치'에서 유래한 것으로 생명의 이치는 기능이 어떻게 이루어지는지를 알아야 이해가 가능해진다. 생화학은 생명체 내에서 일어나는 화학적 현상을 탐구하는 학문이고, 약리학은 약물이 인체 생리에 어떤 영향을 미치는지를 연구하는 학문이다. 미생물학은 눈에 보이지 않는 작은 생물인 세균과 바이러스에 대한 내용을 다루는 학문이다. 최근에 환경의생물학이라고 이름을 바꾼 경우가 많은 기생충학은 기생충을 포함하여 자연환경에 존재하는 생물체 중 사람의 병과 관련 있는 것들을 연구하는 학문이다. 병리학은 질병이 생긴 장기와 조직에 어떤 변화가 일어나는지를 연구하는 학문이고, 예방의학은 질병의 원인을 개인이 아닌 사회를 대상으로 연구하고, 훌륭한 보건의료정책을 수행함으로써 가장 많은 이들에게 혜택이 돌아가는 방법을 연구하는 학문이

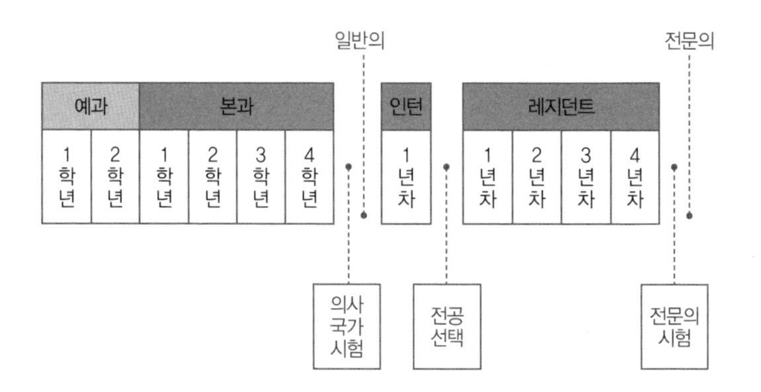

다. 이 4년간의 의학교육과정(본과)을 이수하기 위해 그 전에 2년간 의사가 되기 위해 필요한 소양을 갖추기 위한 교육과정(예과)을 이수해야 한다.

1백 년 이상 의학이 발전하면서 임상의학이 워낙 발전하다보니 기초의학은 1~1.5년 정도 교육하는 것으로 기간이 줄어들었고, 임상의학에 부여하는 기간이 길어지는 식으로 약간의 변화가 생겼다. 그러다 최근에는 기초와 임상을 구분하여 각 과목의 특성을 강조하기보다는 무엇을 공부하느냐와 같은 교육 내용에 초점이 맞추어지고 있다. 그에 따라 기초의학에서는 기본 8개 과목 외에 유전 현상을 탐구하는 유전학, 정자와 난자가 만나 수정이 된 후 아기가 태어나기까지의 과정을 연구하는 발생학, 세포 내에서 일어나는 생물 현상을 연구하는 세포생물학, 핵산이나 단백질과 같은 분자 수준에서 생물 현상을 연구하는 분자생물학, 사람 몸에서 일어나는 면역 과정을 연구하는 면역학, 생물체 내에서 일어나는 물리학적 현상을 연구하는 생물물리학 등에 속하는 내용을 더 공부해야 세계의학교육연맹(WFME)과 한국의학교육평가원으로부터 질적인 수준을 인정받을 수 있게 되었다. 과목 이름은 각 학교의 교육과정에 따라 차이가 있다.

'심한 복통으로 응급실에 실려온 사람은 어떻게 처치해야 하나?'와 같이 의사가 되기 위해 기본적으로 알아야 할 내용이 현재는 내과, 외과, 산부인과, 소아청소년과, 정신과 등 여러 과목에서 다루어지고 있다. 따라서 과거의 과목 구분에서 벗어나 증례 위주로 여러 과목을 통합하여 교육하는 방법을 사용하고 있다. 의학 전반을 이해하지 못한 채 여러 학교의 수업 시간표만을 대조해본다면 학교별로 매우 상이한 교육과정을 운영하고 있다고 오해할 가능성도 있다.

임상의학의 경우 과거에는 내과학(소화기내과학, 호흡기내과학, 심장내과학, 신장내과학, 내분비내과학, 혈액내과학, 종양내과학, 알레르기내과학, 감염내과학, 류머티스내과학), 외과학, 소아청소년과학, 산부인과학, 정신과학, 응급의학, 영상의학, 정형외과학, 성형외과학, 신경외과학, 흉부외과학, 안과학, 이비인후과학, 피부과학, 재활의학, 마취과학 등의 이름으로 수업을 했지만 지금은 소화기학이라는 과목으로 소화기와 관련된 내과, 외과, 소아과, 영상의학 등의 내용을 한번에 교육하는 소위 '통합교육' 형태로 교육과정이 운영되는 경우가 흔해졌다. 각 과목별로 너무 발전을 하다보니 예를 들어 위암 수술을 담당하는 교수가 소화기학 내과, 외과학, 종양내과학 등에서 모두 수업을 하는 경우가 있었다. 통합교육은 교수가 전체적인 교육과정을 파악하지 못하는 경우를 방지하기 위해 중복을 피하고, 전체적인 교육과정 파악이 용이하도록 교육과정을 개선한 것이다.

중요한 것은 과목 이름이 아니라 교육 내용이다. 우리나라에서는 여러 대학의 수많은 교수가 참여하여 의사가 되기 위해 기본적으로 알아야 할 내용을 모아 『기본의학교육 학습성과』라는 책자를 발간했다. 의사국가시험은 이 내용을 중심으로 출제가 된다. 그렇다면 이 내용만 알면 훌륭한 의사로 활동할 수 있느냐는 질문을 할 수도 있겠지만 대답은 "아니오"다. 책자에 나와 있는 내용만 알면 의사면허를 얻기 위한 시험을 통과할 수는 있다. 그러나 의사국가시험은 의사가 되기 위한 가장 기본적인 소양을 확인하기 위한 시험으로서 최소한으로 갖추어야 하는 것만 볼 뿐이다.

일반적으로 대학에서 1학점이라고 하면 총 수업 시간이 15시간인 수업을 가리키며, 실습을 하는 경우는 그 시간 수를 두 배로 해야 한다. 따라서 3학점이라면 15주간 매주 3시간씩 수업을 하거나 15주간 매주 2시간 수업, 2시간 실습을 한다. 전 세계적으로 대학 교육에서 가장 흔히 적용되는 학점은 18~20학점이며, 21학점 이상을 신청하는 것은 성적이 좋다든지 학교별로 요구하는 일정 정도 수준을 갖춘 학생들만 가능하다. 그러나 이것은 일반 학과의 이야기이고, 의과대학에서는 학기당 22~24학점을 이수하는 것이 보통이다. 그런데 실제 수업 시간은 24학점을 훌쩍 뛰어넘는다. 휴일 빼고 아침부터 저녁까지 수업이 계속되거나 한 과목만 아침부터 저녁까지 몇 주 내내 배우기도 한다. 또 실습을 하다보면 식사 시간을 놓치기 일쑤고, 밤새도록 야간 당직을 서야 하는 경우도 있다. 이렇게 긴 시간 동안 수업과 실습이 가능한 이유는 방학이 짧기 때문이다.

기초의학과 임상의학 외에도 의료법 공부, 의료인이 갖추어야 할 윤리, 환자와 보호자를 대하는 태도, 의사 이외의 의료진을 이끌어갈 수 있는 리더십 등 의사에게 필요한 소양이 점점 많아지고 있다. 이 모든 것을 의과대학 교육과정에서 모두 다루려면 6년으로는 부족하다. 그래서 현행 6년제 의학교육과정에서는 의학 지식은 졸업 후 의사로 활동하게 되었을 때 1차 진료를 담당할 수 있도록 하는 데 초점을 맞추고 있다. 치료가 필요하거나 필요하다고 생각하는 사람이 처음 의료진을 찾아왔을 때 기본적이고 일반적인 의료를 제공하는 데 주력하는 것이다.

의사는 사람의 생명을 다루는 직업이므로 의학 지식은 많이 갖출수록 좋지만 인공지능이 활용되기 시작하면서 모든 것을 암기하기보다는 전반적인 내용을 이해하고 있다가 이를 조합하고 활용하는 능력을 갖추는 것이 더 유리한 상황이 펼쳐지고 있다. 의학 지식은 불과 3개월이 안 되는 사이에 두 배씩 증가하고 있으므로 훌륭한 의사가 되기 위해서는 몇 가지를 더 암기하기보다 새로운 지식을 받아들이고 공부하는 법을 알아야 하고, 팀원 간의 협력을 유도하여 개인보다 집단의 힘을 발휘하게 할 수 있는 능력을 갖추는 편이 유리하다.

유급과 제적, 필요악인가?

일반적인 대학교 교과목은 주로 3학점으로 되어 있지만 의과대학에서는 학점이 낮은 것부터 높은 것까지 다양한 경우가 대부분이다. 0.5학점부터 6학점 또는 그 이상의 과목이 별도로 운영되는 경우가 많이 있다. 아무래도 학점이 매우 낮은 과목보다는 학점이 높은 과목에 더 신경을 쓸 것 같지만 의과대학은 0.5학점짜리 과목도 방심할 수 없다.

교수는 그 과목에서 요구하는 최소 기준을 학생이 충족시키지 못했을 때 F 또는 NP(non-pass) 판정을 내린다. 학생이 1년간 20~30개 정도의 과목을 이수하여 학년 말에 성적표를 받아들었을 때 한 과목이라도 F나 NP가 있으면 진급을 못하고 유급을 해야 한다. 유급이란 다음 학년으로 진급하지 못하고 지난 1년을 되풀이한다는 뜻이다. 학교마다 차이가 있기는 해서 아예 1년간의 성적이 완전히 말소되어 처음부터 다시 모든 과목을 재이수해야 하는 경우도 있고, 성적이 일정 수준을 넘으면 그 과목의 이수는 면제해주고 나머지 과목만 다시 공부를 하게 하는 경우도 있다. 하지만 한 과목만 F나 NP를 받았다고 해서 1년간 그 한 과목만 이수하고, 나머지 시간은 각자 알아서 보내도록 하는 의과대학은 아마 없을 것이다. 의과대학에는 '다른 과목들은 모두 다 잘하는데 한 과목만 못하는 학생이 있다'는 소문이 떠돌긴 하지만 23년째 대학 교수로 학생 교육을 담당하고 있는 나는 그런 학생을 단 한 명도 본 적이 없다. 다른 건 잘하면서 자기관리를 못해서 한 과목만 통과하지 못하는 학생이 있다는 것은 이론적으로는 가능한 일이지만 실제로는 거의 불가능한 일이기 때문이다.

유급은 1년간 성적이 학칙에 정해진 수준을 넘지 못한 경우와 학칙에 정해진 수준을 넘었지만 한 과목이라도 F나 NP가 있는 경우로 구분할 수 있다. 전자는 평점이 낮다고 해서 '평락', 후자는 평점은 낮지 않지만 한 과목에서 문제가 발생했다고 하여 '과락'이라 한다. 학교에 따라서는 두 과목에서 F나 NP가 있는 경우는 아무리 평점이 높아도 유급을 시키지만 한 과목만 F나 NP가 있고, 평점은 정해진 기준을 넘길 경우 한 번 더 재시험 기회를 주는 경우도 있다. 그러면 겨울방학 중에 학교에 나와서 F나 NP를 받은 과목의 시험을 한 번 더 쳐서 담당 교수가 정한 기준을 넘을 경우 진급을 할 수 있다.

의과대학 공부가 싫지는 않지만 공부할 양이 많아서 힘드니 아예 학습량의 절반씩만 공부하며 본과 4년을 8년으로 늘려 공부하는 방법도 있을까? 끝이 없을 정도로 무한한 양의 의학 공부를 하다보면 이런 생각을 가져볼 수도 있고, 실제로 이런 내용으로 상담을 요청하는 학생도 있다. 이론적으로 가능한 이 방법은 교육법에 의해 불가능하다. 일반 학과의 경우 일정 수준 이하의 평점을 받으면 경고를 하는 학사경고 제도가 있고, 세 학기 동안 학사경고를 받으면 제적과 같은 무서운 조치가 내려진다. 이론적으로 두 학기에 걸쳐 학사경고를 받아도 졸업 후 성적증명서를 발행할 때 성적이 나쁘게 표시될 뿐 특별한 문제가 없으므로 정말 공부하기 싫은 과목이 있다면 F를 받은 과목 성적을 무시하고도 졸업이 가능하다. 학칙상 '필수'로 이수해야 할 과목으로 표시되어 있지 않다면 그렇다.

그러나 의과대학은 사정이 다르다. 유급도 마음대로 못한다. 교육연한은 학사기간의 1.5배를 넘기지 못한다고 교육법에 명시되어 있다. 따라서 의예과 2년과 의학과 4년, 총 6년으로 운영되는 의과대학 교육과정에서 의예과는 3년 이내, 의학과는 6년 이내에 마치고 졸업을 해야 한다. 다르게 표현하면 의예과에서는 유급이 1회 허용되고, 의학과에서는 유급이 2회 허용된다. 이 횟수를 넘기면 교육법에서 1.5배의 학사기간 내에 졸업해야 한다고 정해놓은 요건을 초과하게 되므로 더 이상 대학을 다닐 수 없다. 제적되어 학교를 나가야 하는 것이다.

제적이 될 경우 2년이 지나면 재입학 기회를 부여받을 수도 있다. 이것은 의과대학에 따라 정책이 다르며, 재입학 기회를 부여받더라도 학교에서 정해놓은 절차 또는 시험을 통과해야 학업을 다시 시작할 수 있다. 남학생이 제적되는 경우 국방의 의무 이수를 위해 군대를 다녀와서 재입학하는 경우를 흔히 볼 수 있다.

유급과 제적은 학생에게는 인생행로가 완전히 바뀔 수 있는 엄청난 처벌에 해당한다. 이렇게 큰 처벌이 따르는 것은 의과대학에서 전통처럼 여겨온 엄격한 규정에 대한 권위를 보여준다고 할 수도 있지만 사람의 생명을 다루어야 할 의사로 활동하기에 부적합한 소양을 지니고 있으므로 빨리 다른 길을 찾아보라는 의미로 해석할 수도 있다.

의과대학에 진학하기까지는 학업에서 우수함을 보여주었는데 몇 번 F를 맞았다고 해서 청춘을 바친 의대를 떠나야 한다는 사실이 아주 가혹하게 느껴질 수도 있다. 그러나 우여곡절 끝에 졸업을 해놓고 의사국가시험을 통과하지 못해 매년 시험에서 떨어지기를 반복하면서 나이만 먹어가는 이가 있음을 감안하면 유급과 제적은 훌륭한 의사 양성을 위한 필요악이라 할 수도 있다.

대학은 교육을 하는 기관이지 심판을 하는 기관이 아니고, 교수도 교육을 하는 사람이지 심판을 하는 사람이 아니다. 학업에 어려움이 있는 학생이 있다면 대학과 교수는 학업성취도에 따른 심판을 하는 게 아니라 학업성취도가 낮은 이유를 파악하여 그 학생이 현재는 학업이 미비하더라도 다음에는 학업성취도가 높아질 수 있도록 지도를 해야 할 의무가 있다. 대학은 좋은 제도를 마련하고, 교수는 모든 학생을 대상으로 자신의 방식대로 교육을 하는 것이 아니라 학업성취도가 낮은 학생들에게 더 관심을 가지고 학업성취도를 높일 수 있는 방법을 선택하여 교육을 해야 한다. 의과대학 입학을 허락했다는 것은 학교 입장에서 학생에게 "최선을 다해 당신이 미래 사회를 이끌어갈 인재로 자라날 수 있도록 열심히 교육을 하겠습니다"라고 약속한 것이나 다름없기 때문이다.

의대생도 사람이다

몇 년 전 경복궁에 위치한 국립민속박물관에서 흥미로운 장면을 목격했다. '1970년대의 우리나라 모습'이라고 표시된 전시물을 보며 '내가 어렸을 때는 우리나라가 저랬지'라고 과거를 회상하고 있었다. 그때 20대 초반으로 보이는 젊은이들의 대화가 들려왔다. "저것 좀 봐. 우리나라가 꼭 베트남 같아."

반세기 전 우리나라는 베트남과 비슷했다. 지금은 베트남으로 돌아가 교수로 일하고 있는 베트남인 제자들이 여럿 있고, 지난 5년간 베트남을 수차례 방문하면서 비교해보다보니 70년대 이전의 우리나라 모습도 보이고 나날이 경제적으로 발전하는 베트남의 모습도 엿볼 수 있었다.

내가 초등학생이던 1970년대 중반, 포항제철과 울산정유공장이 들어서는 걸 텔레비전 뉴스에서 보고 우리나라에도 저렇게 큰 공장이 있다는 것에 감탄했던 기억이 난다. 대한항공이 파리로 가는 직항노선을 신설했을 때는 우리도 이제 책에서나 보던 유럽으로 단숨에 갈 수 있다는 사실에 뿌듯해했다. 지난 반세기 동안 경제의 비약적 발전으로 나는 초등학생 때와는 완전히 다른 나라에서 살게 되었다. 기적 같은 일이다.

지난 70년간 우리나라의 경제는 비약적으로 발전했다. 지구에 있는 200개가 넘는 나라 중 최하위권에서 출발하여 OECD 회원국 중에서도 중간 이상의 위치를 차지하게 되었다. 경제구조도 많이 달라졌고 국민들의 기대도 달라졌다.

의사와 의대생도 마찬가지다. 반세기 전인 1970년에는 대학 진학률이 6퍼센트였다. 그랬으니 4년도 아니라 6년을 공부해야 하는 의과대학을 다니는 것 자체에서 '나는 공부 정말 많이 하고 있다'는 자부심을 가질 만도 했다. 그러나 지금은 대학 진학률이 70퍼센트에 가깝고, 신입생 때부터 학점 관리는 물론 토익, 자격증, 어학연수 등 열심히 스펙을 쌓고 취업에 도움이 될 수많은 시험을 준비한다. 그런데 의과대학생이 열심히 공부를 하지 않는다면 그들이 사회에 나왔을 때 의사를 대하는 일반인들의 시선이 전과 달라지는 게 당연한 일이다. 의대생뿐 아니라 의사도 마찬가지다. 50년 전에는 한 동네에 대학 공부를 제대로 한 사람이 의사 외에 거의 없었으니 그 권위가 대단했다. 그러나 지금은 의사만큼 공부를 한 사람이 주변에 얼마든지 있으므로 권위는 낮아질 수밖에 없다.

의대의 엄청난 공부량, 유급과 제적이라는 제도가 꼼짝 못하고 공부에 전념해야 하는 환경을 조성하고 있지만 의대생도 또래 대학생들과 다를 게 없다. 초등학생 때부터 치열한 경쟁을 해온 젊은이가 대학 입시라는 높은 관문을 통과했을 때 시간과 경제적 여유가 있다면 외국이나 국내 여행을 통해 견문을 넓히고 싶은 건 당연하다. 상대적으로 짧은 방학이지만 그 기간을 이용하여 여행을 가기 위해 미리 준비를 한다. 학기 중에는 여유시간이 부족하므로 시급이 낮은 아르바이트보다는 시급이 높은 사교육을 통해 용돈을 버는 의대생이 상대적으로 많다.

여행과 함께 20대 초반의 젊은이들에게 초미의 관심사라 할 수 있는 연애는 학년이 올라갈수록 어려워진다. 역시 시간이 문제가 된다. 연애가 잘되려면 자주 만나야 할 텐데 학년이 올라갈수록 방학도 짧아지고, 여유시간도 줄어든다. 병원 실습이라도 하게 되면 의과대학과 병원의 물리적 거리 때문에 서서히 멀어져가는 경향도 있다. 대학 1학년 때는 다른 대학생들처럼 자유롭게 미팅, 소개팅 등을 할 수 있지만 학년이 올라갈수록 그런 기회는 물론이고 타 학과 학생들과 어울려 동아리 활동을 하는 것조차 쉽지 않다. 그래서 그런지 의대는 같은 과 학생과 캠퍼스커플이 될 확률이 상대적으로 높다.

가끔씩 만날 수 있는, 공부를 즐기는 이들을 보면 '인생이 편하겠다'라는 생각을 가지게 된다. 이러한 경우는 아주 특별한 경우이며 대부분의 의대생들은 하기 싫은 공부를 억지로 참으면서 한다. 그러다보니 스트레스가 계속 쌓이게 된다. 노력한 만큼 성과가 나타나지 않는 경우는 더욱 그렇다. 스트레스는 만병의 근원이고, 사회생활을 어렵게 하는 원인이 되므로 해소하는 것이 바람직하다. 스트레스 해소를 위해 가장 좋은 방법은 취미생활을 하는 것이다.

취미와 일은 즐겁게 할 수 있는가, 그렇지 않은가로 구분할 수 있다. 여유시간이 생길 경우 뭘 하는가를 보고 취미인지 일인지를 판단할 수도 있다. 이왕 취미를 가지려면 현대인들에게 부족한 운동을 보충할 수 있거나 정서적 메마름을 해소할 수 있는 예체능과 관련된 취미를 추천하곤 한다. 사고의 깊이와 견문을 넓힐 수 있도록 독서, 다큐멘터리 시청, 여행 또는 다양한 체험활동 등도 고려해봄직하다. 뭘 해야 할지를 몰라서 컴퓨터용 게임에 빠져드는 경우가 있는데 정지된 자세로 한 가지 동작만 하다보면 건강에 해가 될 수도 있고, 다음 스테이지로 넘어가겠다는 신념으로 시간 제한 없이 하다보면 공부에 지장이 생긴다.

공모전 참여를 취미로 삼는 이들도 있다. 대학에 들어오기 전까지는 정해진 내용을 공부하여 누가 가장 좋은 성적을 거두는가 하는 것이 경쟁의 거의 전부였지만 대학에 들어온 후부터는 자신의 관심사를 가지고 타인과 경쟁을 하는 일이 수시로 벌어지곤 한다. 의대 커리큘럼을 소화하기에도 빠듯한 상황이지만 의대생 중에서는 시간을 쪼개 공모전에 참여하는 등 다양한 활동을 하는 이들이 있으며, 유명 유튜버로 이름을 날리는 경우도 있다. 하고 싶은 일이 너무 많아서 20대가 아니면 할 수 없다는 이유로 공부를 1년 미루고 휴학을 하는 경우도 있다.

의대생은 장차 사람의 생명을 다루는 일에 종사하게 된다. 의학 지식이나 실력, 태도 등에서 대학 시절에 공부하고 갖추어야 할 것이 많지만 의대생도 스트레스를 잘 관리해야 하는 사람인 것은 마찬가지다. 의무와 권리를 잘 조화시켜 자신의 역량을 향상시키면서도 인생을 즐겁게 만들어갈 자신만의 노하우가 필요하다.

의사가 되려면 왜 의과대학을 졸업해야만 할까?

여전히 의과대학의 인기는 하늘을 찌를듯이 높다. 그런데 목적의식 없이 의대에 입학하여 억지로 하고 싶지 않은 공부를 하느라 고생을 사서 하는 학생들이 많이 있다. 어차피 인생이란 새로운 상황에 적응해가는 과정이라며 치부할 수도 있는 일이지만 동기부여가 되지 않은 상태에서 오로지 미래의 경제적 안정만을 위해 20대 청춘을 보낸다는 것은 엄청난 인내를 요구하는 일이기도 하다.

사법고시처럼 의사가 되고 싶은 사람은 누구든 각자 공부를 한 후에 의사국가시험을 통해 의사를 선발하는 제도를 도입할 수는 없을까? 전국 40개 의과대학에서 나누어서 교육을 할 게 아니라, 방송 채널이 넘쳐나고 유튜브로 개인방송까지 할 수 있는 시대이니 의학교육방송 채널을 개설하여 최고의 교수들을 한자리에 모아 강의를 하게 하는 건 어떨까? 아마도 의학을 공부하고 싶지만 의과대학에 입학하지 못한 이들은 모두 찬성하겠지만 이미 의과대학에 입학한 학생들은 갖가지 이유를 대면서 기득권을 지키기 위해 반대를 할 것으로 생각된다. 의학교육 방송 채널을 개설하면 대학에서 교수 확보를 위해 지금처럼 노력하지 않아도 되므로 교육비 감소 효과를 가져올 수도 있고, 국민 투표에 붙인다면 찬성이 훨씬 많을 것으로 예상되지만 전 세계 어느 나라도 이런 방법을 선택하지는 않는다. 그 이유는 여러 가지다.

첫째, 의사국가시험은 능력을 측정하는 시험이 아니라 자격을 측정하는 시험이다. 의학을 공부한 학생들이 의사로 활동할 수 있는 기본 자질을 갖추고 있는지를 보기 위한 시험인 것이다. 시험 범위는 의학 교과서에 나와 있는 모든 내용이 아니라 의사로 활동하기 위해 필요한 기본적인 소양에 국한되어 있다. 그러므로 이 시험에서 좋은 성적을 거두었다고 해서 의학 공부를 충실히 했다고 볼 수는 없다. 언제 어디서 마주칠지 모를 갖가지 상황에 대처할 능력을 기르기 위해서는 공부해야 할 범위가 끝도 없지만 사람의 머리에는 한계가 있으므로 의사가 된 후에도 인턴과 레지던트(전공의) 과정을 거쳐야 한다. 의사국가시험에서 가능한 한 많은 지식과 술기를 요구했다가는 중요한 것을 덜 공부할 가능성이 있으므로 의사로 활동하기 위해 필요한 기본적인 내용만을 테스트한다.

둘째, 전국 40개 의과대학에서 모두 똑같은 내용을 공부한 의사를 양성하는 것은 아니다. 모든 의과대학은 그들만의 교육 목표와 비전을 가지고 있다. 그 목표와 비전에 맞게 교육과정을 구성한다. 이것은 의학교육 평가인증 기준에도 제시되어 있다. 이를 제대로 지키지 않으면 대학평가에서 나쁜 결과를 얻게 되며, 궁극적으로는 폐교되거나 국제 활동에 제한을 받을 수도 있다. 의과대학 대신 의학교육방송으로 교육을 할 경우 다양한 역량을 지닌 의사를 양성하는 것이 불가능하게 되고, 이것은 나라 전체 의사의 역량이 제한되어 있다는 점에서 바람직한 일이 아니다. 의과대학을 졸업한 후 의사가 되었다고 모두 똑같은 일을 하는 것은 아니며, 다양한 분야에서 각자 자신의 능력을 잘 발휘하기 위해서는 모두가 같은 내용을 교육받아서는 안 되는 것이다.

셋째, 의사에게 필요한 3요소인 지식, 태도, 기술을 방송으로 배우는 것은 불가능하다. 학습(學習)은 학(學)과 습(習)이 모여서 이루어진다. 자동차 운전에 비유하자면 학(學)은 이론적으로 자동차를 운전하는 방법을 배우는 것이고, 습(習)은 이를 토대로 직접 자동차에 올라타 실습을 통해 운전 기술을 습득하는 것이다. 방송 수업을 통해 태도와 기술을 배우기가 어렵다면 지식을 공부하게 한 후 시험을 쳐서 통과한 학생들을 의과대학으로 보내서 태도와 기술을 익히도록 하는 방법도 있을 것이다. 그러나 전 세계 어느 나라에서도 이런 방법을 선택하지 않는 것은 교육과정에 나타나지 않는 숨은 교육과정(hidden curriculum)도 중요하기 때문이다. 자동차 운전을 가르치는 선생님이 "자동차와 한 몸이 되어 움직일 수 있어야 한다"고 하듯이 의학을 공부하여 의사가 되기 위해서는 의학 지식만 습득한다고 되는 것이 아니라 의학과 한 몸이 되어야 하고, 이를 위해서는 의학과 의료계에 항상 노출되는 상태에서 알게 모르게 의학을 자기 것으로 만들어가야 한다.

넷째, 의사국가시험에서 요구하는 내용 외에도 공부할 것이 많다. 의과대학을 졸업하여 의사면허를 취득했다고 해서 모두 임상의사가 되는 것은 아니다. 1년간 태어나는 신생아 수가 30만 명이 안 되는 현실에서 매년 배출되는 약 3,300명의 의사들이 모두 임상의사로 활동하기를 원한다면 인구가 90명 증가할 때 의사 1명이 늘어나는 셈이니 의사들의 시장은 금세 포화 상태가 될 것이다. 임상의사가 아니더라도 의사들이 할 수 있는 일은 많이 있으며, 이를 대비하기 위해서라도 의학을 공부하는 이들은 다양한 공부를 해야 하고, 각 대학에서는 여건에 맞게 다양한 교육과정을 운영해야 한다.

사법시험으로 법관을 선발하던 시절에도 일단 시험에 합격하면 사법연수원에서 장기간의 교육을 받았듯이 훌륭한 의사로 성장하기 위해서는 방송만으로 해결할 수 없는 많은 것들을 갖추어야 하고, 이를 위해 비싼 등록금을 내고 의과대학에서 교육을 받을 필요가 있다.

의사의 직업전문성과 면허제도

의사를 흔히 전문직이라 한다. 전문직은 아무나 따라할 수 없는 고도의 전문화한 지식과 기술을 습득해야 하는 직업을 가리킨다. 잘되는 편의점 옆에 새로운 편의점을 여는 것은 아무나 할 수 있지만 병원(의원, 클리닉) 옆에 병원을 여는 것은 아무나 할 수 없다. 의사는 직업전문성을 지니고 있으며, 국가에서는 이를 보장하기 위해 면허제도를 운영하므로 의사면허를 갖지 않은 이는 병원을 열고 운영하는 것이 불가능하다. 우리나라에서 의사면허를 얻기 위해서는 우리나라 의과대학을 졸업해야만 하며 의사국가시험을 통과해야 한다.

평생 공부하면서 새로운 지식을 받아들여 직업전문성을 유지해야 하는 의사들은 자체적으로 개발하고 운영하는 교육프로그램을 통해 보수교육을 담당하는 등 사회에서 높은 수준의 자율성을 보장받는다. 환자를 돌보는 의사는 환자나 보호자에게 정보를 잘 전달해주어야 하지만 응급상황에서는 의사가 어느 정도 자체적으로 결정을 할 수 있는 권리도 부여받는다.

또 치료과정에서 좋은 결과를 얻지 못하더라도 의사의 잘못이 확인되지 않으면 처벌받지 않는 것도 의사의 직업전문성을 인정하기 때문이다.

사회가 직업전문성을 인정해주는 만큼 의사는 자율성, 도덕성, 진실성을 지녀야 하며 신뢰를 유지할 수 있도록 노력해야 한다. 의사는 공익 증진, 바람직한 의료제도의 도입과 발전을 위해 노력해야 한다. 환자와 일반인들의 건강을 유지하는 일을 가장 중요하게 여기는 이타성을 발휘해야 하고, 자기관리를 철저하게 하는 것은 물론 필요하면 자체적으로 규제를 해서라도 사회의 기대에 걸맞은 직업전문성을 발휘해야 한다.

의사의 전문성을 유지하기 위한 제도 중 가장 대표적인 것이 면허시험이다. 의사의 실력을 검증하기 위한 시험제도에 대한 논의는 1421년으로 거슬러 올라간다. 영국에서 의사들이 의회에 탄원서를 제출하여 자격이 없는 사람들은 의료행위를 하지 못하게 해달라고 요청한 것이다. 그러나 결정된 것이 없는 상태로 90년이 흐른 1511년 돌팔이 의사를 제재하기 위한 기관 설립이 논의되었고, 엉터리 의사를 신고하는 이들에게는 금전적 보상을 하는 법안이 통과되었다. 영국에서는 1518년에 의사면허제도를 담당할 기관이 설립되었지만 내과에 국한된 것이었다. 프랑스에서 '외과의 아버지'로 불릴 정도로 외과 발전에 큰 공헌을 한 앙브루아즈 파레(Ambroise Paré)도 의과대학을 나오지 않은 것에서 볼 수 있듯이 근대에 접어든 이후에도 능력 있는 이를 따라다니며 적당히 실력을 쌓아 외과 의사가 될 수 있었다. 영국에서 내과와 외과를 모두 관리하는 면허제도가 시행된 것은 1858년이었고, 이때부터 지금과 유사한 면허제도가 시행되었다고 할 수 있다. 미국에서는 20세기 초부터 각 주별로 시기와 방법이 조금씩 다르게 의사면허제도가 시행되었고 1968년 현재의 의사국가시험과 비슷한 제도가 전국적으로 실시되었다.

우리나라에 의사면허제도가 처음 도입된 것은 1900년이다. 그 이전에는 아무나 의사로 활동할 수 있었으나 1900년 1월 2일에 대한제국이 제정한 의사규칙에 의해 의사로 활동할 수 있는 이들이 제한을 받게 되었다. 이 규칙은 서양 의사와 조선의 전통적인 의사(한의사)를 구분하지 않았다. 그래서 1908년에 처음으로 의사면허 1호~7호가 발급되었음에도 불구하고 1911년 11월에 발행된 '조선총독부 통계요람'을 보면 2659명의 의사가 등록되어 있었다.

조선총독부는 1913년 '의사규칙'을 반포하고 1914년부터 시행하면서 서양 의학을 공부한 이들은 '의사', 전통 의학을 다루는 이들은 '의생'이라 칭했다. 결과적으로 전통적인 의사들의 면허가 박탈된 셈이었다. 일제강점기에 서양 의학을 공부한 의사는 꾸준히 늘어났으나 한의사는 의사 역할을 거의 할 수 없었다. 한의사는 해방 후인 1951년에 법적으로 의사의 지위를 회복했고, 도제 교육 방식이던 한의사 양성은 1953년 서울한의과대학이 설립되면서 대학이 맡게 되었다.

1914년 7월에는 의사면허시험제도가 시작되었다. 이때는 정식으로 의학교육을 받지 않은 사람도 5년간의 경험이 있으면 의사면허시험에 응시가 가능했다. 제중원 의학교를 이어받은 세브란스 연합의학교 졸업생도 시험을 통과해야 했지만 의학교를 이어받은 대한의원 교육부 출신들은 시험을 면제받고 의사로 활동할 수 있었다. 조선총독부는 그들의 정책에 잘 따르는 학교에는 시험을 면제해주었으므로 세브란스 연합의학교는 1917년에 세브란스 의학전문학교로 이름을 바꾼 후 일본인 교수를 채용하는 등 총독부의 요구를 받아들여 1923년부터 무시험으로 의사면허를 받을 수 있게 되었다.

해방 후에는 지금까지의 의사면허 번호가 수차례에 걸쳐 새로 부여되었다. 1952년 1월 15일 우리나라 정부가 주관하는 최초의 의사국가시험이 치러졌다. 1992년에 한국의사국가시험원이 설립된 후 1998년에는 한국보건의료인국가시험원으로 확대 개편되었다. 20세기 말부터 전 세계적으로 의학교육 방법과 내용에 변화가 따르면서 한국의 의사국가시험도 2009년 아시아 최초로 모의환자를 대상으로 진찰을 하고, 마네킹을 이용하여 수기를 평가하는 실기시험이 추가되었다. 또 2022년부터는 스마트 기기를 이용하여 환자의 몸에서 들을 수 있는 소리를 직접 들려주는 등 필기시험이 더 현실에 가까운 형태로 바뀌게 된다.

사회가 바뀌면 그에 맞추어 의사의 직업전문성과 면허제

도도 조금씩 바뀌어간다. 1980년대만 해도 섬이나 오지처럼 물리적 거리나 경제적 문제 때문에 진료를 받을 수 없는 분들에게 의대생이 진료를 하고 약을 처방하는 것이 가능했다. 하지만 지금은 무면허 의료행위로 간주된다.

의대생들이 경험을 쌓으려면 많은 환자들을 만나고 실습을 해야 하지만 환자 입장에서는 숙달된 의사가 아닌 의대생의 실습대상이 되는 것이 꺼려질 수밖에 없다. 이를 해소하기 위해 의대생들이 훈련받은 모의환자를 만나 진료기술을 습득하고, 사람의 몸과 유사하게 만들어진 마네킹을 이용하여 다양한 수기를 실습하는 방법이 있다. 우리나라도 이를 의사국가시험에 포함시켰으며, 스마트 기기를 이용한 새로운 의사국가시험도 의과대학 졸업생들의 역량을 더 잘 평가할 수 있는 방법을 고민하면서 디자인한 시험 방식이라 할 수 있다.

일반의와 전문의

대한민국에서는 의사면허를 얻으면 당장 의사로 활동할 수가 있다. 대학을 다니면서 공부를 잘했건 아니건, 실력이 있건 없건 그건 중요하지 않다. 의사면허를 얻었으니 '일반의'로 일할 수 있는 자리를 얻기만 하면 되고 개업을 해도 상관없다.

그러나 의사면허를 취득한 후 의사로 활동하기를 원하는 이들은 대부분 1년간의 인턴 과정을 밟는다. 의과대학에서 공부한 내용만으로는 경쟁이 치열한 의료계에서 살아남기가 쉽지 않고, 스스로 생각해도 직접 환자를 보기에는 실력 부족을 느끼기 때문이다.

1년간의 인턴을 마치고 나면 우리나라의 경우 약 80퍼센트가 3~4년간의 레지던트 과정으로 들어간다. 레지던트 과정에 들어가려면 인턴을 마칠 때쯤 레지던트로 수련받을 수 있는 기관에 지원하여 합격해야 한다. 레지던트 과정에서 자신이 일하고자 하는 전문과목을 선택하여 집중적으로 수련을 받게 된다. 레지던트 과정이 3년인지 4년인지는 분야에 따라 다르고,

시대에 따라 전문의 획득에 필요한 수련기간이 달라지기도 했다. 레지던트 과정을 마치고 난 뒤 의학에서 한 전문 분야에 대해 실력을 갖추었음을 증명하기 위한 시험(전문의 시험)을 쳐서 통과하는 경우 전문의 자격을 획득한다. 전문의 시험에서 떨어진 경우에는 의사국가시험에서 떨어진 경우와 마찬가지로 다음 해에 다시 시험을 치면 된다.

우리나라에서 의과대학에 입학하지 않고 의사가 될 수 있는 방법이 있을까? 우리나라에서 의사를 양성하는 기관으로는 의과대학과 의학전문대학원이 있다. 한때는 의학전문대학원이 많아서 의과대학을 다니지 않고 의사가 될 수 있는 길이 열려 있었지만 지금은 거의 사라져 겨우 명맥만 유지하고 있는 정도다. 게다가 의과대학과 의학전문대학원은 용어만 다를 뿐 수업하는 내용은 거의 유사하므로 과거의 의과대학을 의학전문대학원으로 이름만 바꿔 달았다고 해도 과언이 아니다. 의과대학이나 의학전문대학원에 입학하지 않고 의사가 되려면 '편입'을 해야 한다. 의과대학에 결원이 생겨 편입생을 선발할 경우 이 자리에 지원하여 합격하는 것이다. 의학을 공부하다가 중단하는 학생들이 있으므로 편입의 길은 열려 있지만 선발하는 학생 수가 아주 적으므로 각 학교의 시험 과목을 알아내어 미리부터 공부를 하는 편이 좋다.

한국의 의대 입시 문턱이 높아지자 해외 의대 입학을 홍보하는 유학원의 광고가 늘어났었다. '해외 의대는 입학하기가 쉽고, 학비도 저렴하며, 졸업 후 한국의 의사국가시험에 응시하면 의사가 될 수 있다'고 광고한다. 한때는 등록만 하면 졸업하기 쉬운 나라의 의과대학에 입학하여 출석도 제대로 하지 않고, 공부는 물론 하지도 않은 상태에서 졸업장만 받아 우리나라 의사국가시험에 합격하여 의사로 활동하는 이들이 있었다.

그러나 지금은 제도가 바뀌었다. 외국 의과대학 졸업생이 한국의 의사국가시험에 응시하기 위해서는 응시자격을 주는 시험을 먼저 통과해야 한다. 문제는 이 예비시험이 아주 어렵다는 점이다. 의사국가시험이 1차 진료에 초점을 맞춘 문제를 주로 출제하는 것과 다르게 예비시험은 기초의학과 임상의학을 망라하여 시험범위가 매우 넓다. 그러므로 외국의 최일류 의과대학을 졸업한다고 해도 우리나라 의사국가시험을 통과하여 우리나라에서 의사로 활동하는 것은 엄청나게 어려운 일이다. 제도가 바뀐 뒤로 한국의 의사국가시험에 응시하는 해외 의대 졸업생들의 수는 대폭 줄어들었고, 합격자는 연간 손가락으로 꼽을 정도다.

우리나라 의과대학을 졸업하고 외국에서 의사로 활동하려면 그 나라의 의료법을 알아보아야 한다. 우리보다 경제적으로 뒤떨어진 나라에서는 10년 전만 해도 의사면허시험을 별도로 치지 않고 의사 자격을 인정해주는 경우가 적지 않게 있었지만 갈수록 그 수가 줄어들고 있다. 우리나라 의사들이 가장 많이 진출해 있는 미국의 경우 1974년까지는 의사가 많이 부족했으므로 의사로 활동하기가 어렵지 않았다. 한국에서 의과대학을 졸업한 후 미국으로 건너가 레지던트 과정을 마치고 전문의가 된 후 2~3년 정도 의사가 부족한 소도시에서 근무하면 자유롭게 의사로 살 수 있는 길이 열려 있었다. 그러나 미국에서 점차 의사 배출이 많아지면서 1975년부터 우리나라 의사들의 미국 진출이 크게 줄어들었다. 벌써 45년이 지났으므로 미국에서 현역으로 일하는 한국 의사들은 점점 줄고 있으며, 이제는 전보다 훨씬 어려운 절차를 밟아야 한다.

미국에서 의사로 활동하기 위해서는 외국인들을 위한 미국 의사면허시험을 치러야 한다. 이 시험은 3단계로 이루어져 있으므로 한국의 의사면허시험보다 공부해야 할 내용이 더 많고, 영어 실력도 충분해야 통과가 가능하다. 이렇게 어려운 시험을 통과한다 해도 미국에서 곧바로 개업을 할 수는 없다. 외국인이 미국 의사면허시험에 통과하여 면허를 얻는 것은 레지던트 과정에 지원할 자격을 얻었다는 뜻일 뿐 나 홀로 의사로 활동할 수 있다는 뜻은 아니기 때문이다. 따라서 미국 의사면허를 얻은 후 레지던트 과정에 들어가지 못한다면 면허시험에 합격한 것은 쓸모없는 일이 된다. 미국 의사면허시험을 통과한 이들이 미국 병원에서 전공의 역할을 수행할 기회를 얻을 가능성은 해에 따라 차이가 있기는 하지만 약 50퍼센트 정도다. 아메리칸 드림을 꿈꾸며 미국으로 모여드는 다른 나라 출신 의사들과의 경쟁에서 선택을 받아야 하는 것이다.

미국에서는 전문의가 되어야 의사 고유의 역할을 할 수

있지만 우리나라는 의사면허를 가진 이들 중 의과대학만 다닌 의사, 인턴까지 마친 의사, 레지던트를 마치고 전문의 자격을 얻은 의사 등 다양한 의사가 있다. 전문의는 전문과목을 강조하여 표시할 수 있으나 전문의가 아닌 경우에는 의사가 어떤 환자를 보든 상관없이 한 분야를 강조하여 표시를 하면 의료법 위반으로 처벌을 받게 된다.

전문의	일반의
예병일 피부과 의원	예병일 의원 진료과목 피부과

우리나라 의료제공체계는 급여에 따라 3단계로 구분 가능하다. 병원의 종류에 따라 환자가 내야 할 진료비가 다르고, 병원이 받는 급여도 다르다. 1단계는 의원, 2단계는 병원과 종합병원, 3단계는 상급종합병원이다. 이렇게 세 단계로 나눈 이유는 환자가 적절한 의료 서비스를 적절한 장소에서 받을 수 있게 하기 위해서다. 감기처럼 가벼운 질병은 동네 의원(1차 의료기관)에서 충분히 치료 가능하다. 그런데 환자는 감기라고 생각하고 동네 의원을 찾았는데 폐렴이 의심될 경우, 의사는 큰 병원으로 가서 진료를 받을 수 있는 의뢰서를 발급해준다. 환자가 이 의뢰서를 가지고 큰 병원으로 가면 건강보험을 적용받을 수

의료 제공체계	분류	기준(병상 수)	기관 수	환자 부담률(외래)
1차	의원	30개 미만	31,718개	30%
2차	병원	30~100개 미만	1,456개	40%
	종합병원	100~500개 미만	311개	50%
3차	상급 종합병원	500개 이상	42개	60% (의뢰서 없으면 100%)

있다. 그렇지 않고 감기 환자가 곧장 상급종합병원으로 갈 경우 건강보험을 적용받지 못해 몇 배나 비싼 비용을 지불해야 한다. 상급종합병원이란 종합병원 중에서 중증질환에 대하여 난이도가 높은 의료행위를 전문적으로 행하는 곳을 가리킨다. 상급종합병원으로 지정이 되면 같은 의료행위를 하고도 더 많은 급여를 받을 수 있다. 상급종합병원으로 인정받기는 쉽지 않아서 보건복지부 장관이 정한 지정일에 엄격한 기준의 실사를 받아야 하고, 인정을 받은 후에도 3년마다 기준을 충족시키고 있는지 실사를 받아야 한다. 대학병원이라 해서 모두 상급종합병원은 아니다.

2014년 보건복지부 통계에 따르면, 우리나라 의사 10명 중 8명은 전문의다. 동네 의원들 중에서도 일반의가 아닌 전문의가 많지만, 종합병원에서 일하는 의사들은 거의 대부분 전문의 자격을 가지고 있다. 특히 상급종합병원에서 일하는 의사들은 전문의 자격을 획득한 후 전문과목 중에서도 더 작은 한 분야만을 집중적으로 연구하는 이들이 많다. 예를 들면 종합병원에서는 내과 전문의가 내과 환자를 보지만 상급종합병원에서는 내과 전문의라 하더라도 소화기내과에서 일하는 경우 위, 간, 대장 등 더 작은 분야를 전문으로 보는 방식이다.

임상의사로 활동하고자 하는 일반의 중 면허를 받자마자 개업을 하는 경우는 극히 드물다. 레지던트 수련은 받지 않더라도 작은 병원에서 일하면서 자신이 배우고 싶은 특정 분야를 공부하여 개업하는 경우가 많다. 레지던트 과정을 마치고 전문의가 되면 개업을 하거나 종합병원 등에 취업하여 봉직의사로 일할 수 있고, 상급종합병원에서 전문과목 중 세부 분야를 더 공부하면서 대학 교수 또는 상급종합병원 내 특정 분야의 전문의로 일할 수 있다.

의사가 할 수 있는 다양한 일

운전면허증을 받았다고 해서 모두 운전을 하는 것은 아니듯이 의사면허증을 받았다고 해서 모두 진료를 하는 것은 아니다. 흔히 우리가 말하는 의사는 임상의사를 가리킨다. 임상의사는 의사면허증을 가진 이들 중 환자를 돌보는 일에 직접 참여하는 사람을 말한다. 의사면허 소지자들이 임상의사로 일하는 경우가 대다수여서 의사와 임상의사를 혼용하곤 한다. 이 글에서 임상의사는 환자를 대하는 의사, 의사는 의과대학 졸업 후 의사면허를 얻은 사람을 가리킨다.

해방 후 지금까지 임상의사는 줄곧 인기 직종이었다. 다른 직업과 비교할 때 직업 안전성이 높아서 그런 것으로 생각되지만 미래에도 계속 지금의 수준을 유지할 수 있을 것인지는 의문이다. 냉정하게 이야기하자면 임상의사가 일을 잘한다고 그 나라 경제가 눈에 띄게 좋아질 리가 없고, 무엇보다 경제가 중요한 현 시대에 경제에 큰 도움이 안 되는 직종이 인기가 있는 것은 모순이기도 하다. 병이 생긴 후 즐거운 마음으로 병원에

오는 분들은 안 계실 테니 돈을 쓰고 싶어 하지 않는 환자들을 대상으로 돈을 버는 일은 새로운 기능을 탑재한 휴대전화를 구입하는 소비자에게 만족도를 높여주는 일보다 어려운 일이다.

그동안 화학공학, 전자공학, 기계공학 등의 인기학과들이 한국의 경제적 발전을 견인하는 큰 역할을 했다. 그런데 2000년대 들어 우수 인재들이 의대로 쏠리는 경향이 두드러지기 시작했다. 그러므로 앞으로 대한민국 경제가 살아나려면 의학을 공부하고 의사로 활동하는 이들이 중요한 역할을 해야 한다. 정부와 기업들도 이 사실을 알고 있으므로 차세대 신성장 동력 산업으로 의료 관광 산업을 선정했을 것이다. 뿐만 아니라 의료 기기 산업을 육성하고 혁신 의료 기기를 지원하는 법을 준비하고 있다.

우리나라의 높은 의료 수준을 감안할 때 경제력이 비슷한 나라와 비교하면 의료비가 저렴하다는 것은 비용 대비 효과라는 측면에서 경쟁력이 있음을 의미한다. 지금까지는 태국, 싱가포르, 인도 등이 전 세계 의료 시장에서 선도적인 역할을 해왔지만 이제부터는 우리나라가 이들을 따라잡고, 역전하기를 꿈꾸면서 의료 관광 분야에서 선도적인 역할을 하는 나라가 되기를 기대한다.

의료 기기 산업도 마찬가지다. 의사이면서 2014년 세계 최초로 휴대용 무선 초음파 진단기를 개발하여 전 세계적으로 매출을 올리고 있는 힐세리온 류정원 대표처럼 의학 지식을 이용하여 더 편리하고, 더 저렴한 의료 기기를 개발하고 판매하는 사업에 종사하는 것도 가능하다. 기초의학자로 서울대 교수를 역임한 서정선 마크로젠 대표는 1997년에 설립한 학내 벤처를 국제적인 회사로 발전시켰다. 마크로젠은 미국 유전·생명공학 전문매체 〈젠〉(Genetic Engineering & Biotechnology News)이 매출액과 분석 역량 등을 기준으로 선정한 '상위 10대 유전체 분석 기업' 중 8위를 차지하기도 했다.

의료 정책이나 행정 전문가가 되어 자국인은 물론 세계인의 건강을 위해 노력할 수도 있다. 한국인 최초로 국제기구의 선출직 수장이 되어 헌신한 이종욱 전 세계보건기구 사무총장, 2008년부터 10년 동안 세계보건기구 서태평양지구 사무처장을 역임한 신영수 교수, 외신들이 '바이러스 헌터'라는 별명을 지어준 정은경 질병관리본부장, 권준욱 국립보건연구원장 등은 모두 의사 출신이다.

약은 의학 발전에 있어서 가장 중요한 역할을 했다고 할 수 있을 정도로 큰 영향을 미쳤다. 100년간 지속된 새로운 약의 개발은 수많은 불치의 병을 치료 가능하게 해주었다. 그 과정에서 때로는 예상치 못한 부작용으로 많은 이들이 피해를 입기도 했고, 장기간 사용되던 약이 어느 날 갑자기 퇴출되기도 했다. 이런 일을 최소화하여 사람들이 안심하고 약을 사용할 수 있기 위해서는 임상시험을 철저히 수행해야 한다. 우리나라에서 제약회사에서 일하는 의사가 배출된 지는 30년이 지났으며, 매년 그 수가 꾸준히 증가하여 지금은 약 200명의 의사들이 제약회사에서 일을 하고 있다. 수가 늘어나다보니 임상시험을 벗어나 경영에 직접 관여하는 이들도 있을 만큼 활동영역이 넓어지고 있다. 제약회사에서 일한 제1세대 의사라 할 수 있는 이일섭 글락소스미스클라인 한국법인 의학부 부사장은 아시아인 최초로 국제제약의사연맹 회장을 역임했다. 한편 새로운 치료제를 생산하는 회사를 설립한 이들도 있다. 김현수 파미셀 대표는 원래 혈액종양내과 교수였지만 젊었을 때부터 관심을 가진 줄기세포 치료제를 개발하기 위해 파미셀을 설립했다. 현재 파미셀은 줄기세포 치료제 '셀그램'으로 유명한 강소기업이다. 메디포스트의 양윤선 대표도 진단검사의학 전문의를 그만두고 창업의 길을 택했다. 세계 최초의 퇴행성관절염 줄기세포 치료제 '카티스템' 등 여러 치료제를 개발하면서 의학 발전에 공헌했다.

"의학전문기자 ○○○입니다."

매스컴에서 의학 뉴스를 전할 때 의학전문기자라는 표현을 쓰는 분들도 계속 늘어나고 있다. 1925년 〈동아일보〉에 입사한 허영숙은 도쿄 여자의학전문학교를 졸업하고 산부인과 병원까지 열었던 개업의였다. 그런데 〈동아일보〉 학예부장으로 일하던 남편 이광수가 병에 걸리자 도와줄 생각으로 신문사에 나갔다가 기자가 되었다. 그녀는 위생과 양육 등에 대한 기사를 쓰며 의사의 역량을 보여주었다. 이후 의사 기자는 오랜 기간 없었지만 1990년대부터 수많은 언론사에서 의사 출신 기자를 채용하기 시작했다.

의사들이 와서 일해주기를 가장 원하는 분야는 기초의학 교수 또는 기초의학 연구자이다. 나라에서는 3년간 그 분야에서 일을 하면 국방의 의무를 면제해주는 제도까지 마련해놓고 지원자를 기다리는 중이다. 기초의학 연구에 종사하겠다고 지원을 하여 선발되면 훌륭한 연구시설을 갖춘 기관에서 학위과정을 밟으며 연구를 할 수 있고, 의과대학 교수에 지원할 때 이를 경력으로 인정받을 수 있기도 하다. 지난 20~30년간 기초의학 교수 지원자가 필요한 수보다 훨씬 적었으므로 의과대학에서 기초의학 연구와 교육에 종사하는 교수가 되는 길도 큰 환영을 받을 수 있다.

각자의 능력에 따라 본업인지 부업인지 모를 일에 종사하는 경우도 흔히 볼 수 있다. 정신과 클리닉을 운영하던 박종호 원장은 자신의 취미인 오페라에 심취하여 틈나는 대로 오페라 관련 일을 하다가 이제는 정신과 의사 대신 오페라 전문가로 제2의 인생을 살고 있다. 또 젊은 시절에 동물원의 기타리스트이자 리드보컬로도 활동한 김창기 원장은 50대 중반을 넘긴 지금도 정신과 원장이자 가수로, 때로는 방송국 DJ로 다양한 일을 하며 즐기는 인생을 살고 있다.

의사는 의학이라는 전문 학문을 많이 공부한 만큼 자신의 전공을 살려 다양한 일을 할 수 있는 길이 열려 있다.

의사면허의 유효기간

중세 유럽에서 대학이 설립되기 시작할 때 대표적인 세 학문은 신학, 법학, 의학이었다. 신학이야 당대를 지배한 사상적 배경을 이루고 있었으므로 가장 중요한 학문이라 할 수 있고, 사회가 유지되기 위해서는 법이 필요하며, 사람의 몸에 생긴 현실적인 문제를 해결하기 위한 의학은 유사 이래 사람들의 관심사였으므로 이 세 학문이 대학에서 공통적으로 다루는 학문이 된 것은 당연한 일이었다.

대학에서 학문을 하는 이들은 일반인들보다 우월적인 위치에 있다는 자부심을 가지고 있었다. 세계 최초의 대학인 이탈리아 볼로냐 대학, 그 뒤를 이은 프랑스의 파리 대학, 영국의 옥스퍼드 대학 등은 특별함을 과시하기 위해 캠퍼스 안이 보이지 않도록 담장을 높이 쌓아 올렸고, 학생들은 복장으로 티를 내기 위해 가운을 착용하고 다녔다. 실용적이라기보다는 위엄과 권위적인 느낌을 풍기는 가운을 입는 경우가 많았다. 지금도 이 세 학문에 종사하는 이들은 가운을 자주 입는 경향이 있다. 특권의식을 가진 이들 대학생들과 도시민들 간에는 갈등이 끊이지 않았다. 도시민(town)과 대학생(gown)의 갈등을 뜻하는 '타운과 가운'이라는 말이 생겨났을 정도다.

의사라는 직종은 전문 지식, 전문 술기, 전문 직업성을 필요로 하는 전문직이다. 전문 직업성에는 환자를 보는 태도와 마음가짐을 포함하여 전문직으로서의 신뢰감을 유지할 수 있는 이타심, 인격적 통합성, 책임감, 의료관리 능력 등이 포함된다. 전문성을 인정받는다는 것은 의사 집단 내에서 재교육과 면허관리를 할 수 있음을 의미한다.

거의 모든 학문 영역과 마찬가지로 의학도 20세기에 비약적인 발전을 했다. 의학 지식의 증가 속도는 길게 잡아도 1년에 두 배 이상 늘어나고 있다. 잠을 자지 않고 24시간 내내 열심히 공부를 한다 해도 늘어나는 지식을 공부하는 것은 불가능하지만 온라인으로 전 세계가 연결된 지금 논문을 등재하는 사이트에는 계속해서 새로운 지식이 입력되고 있으며 무한 용량으로 무장된 인공지능은 이 지식을 순식간에 습득했다가 곧바로 검색하여 필요로 하는 이들에게 제공하므로 새로운 지식을 머리에 넣겠다는 것은 미래를 대비하는 자세라 하기가 곤란할 정도다.

이렇게 지식이 빨리 늘어나고 있는 상황에서 환자와 보호자들은 이제 막 전문의 생활을 시작하는 이보다는 경험이 더 많은 의사에게 진찰받기를 원할 것이다. 그런데 경험이 많다는 것은 계속해서 공부를 하면서 새로운 지식을 쌓을 기회가 많았다는 의미도 되지만 과거에 배운 걸 토대로 장기간 바쁘게 살아오느라 새로운 지식을 쌓을 기회가 없었다는 의미도 될 수 있다. 궁극적으로는 환자에게 적절한 치료법을 선택하는 의사가 좋은 의사이겠지만 새로운 지식을 얼마나 잘 습득해가고 있는지를 환자나 보호자가 판단하기는 어렵다.

2015년에는 서울의 한 의원에서 주사기를 재사용하는 바람에 수많은 환자들이 감염되는 일이 발생했다. 이 사건을 조사하는 과정에서 의사는 뇌질환이 있어서 제대로 환자를 볼 수 없는 상태였고, 간호조무사인 부인이 대신 처방을 내렸다는 사실이 밝혀져 충격을 주었다. 단순한 뇌질환이 아니라 진료를 제대로 할 수 없을 정도의 의사에게 면허를 계속 유지하게 하는 것이 타당한지 의문이기는 하지만 현실은 면허 유지가 가능하다.

우리나라 의사들은 의사국가시험 합격과 동시에 얻은 의사면허를 세상을 떠나는 날까지 보장받고 있다. 또 레지던트를 마치고 전문의 시험에 합격한 분들도 영원히 전문의 자격을 유지할 수 있게 되어 있다. 프로스포츠 선수들은 능력이 떨어지면 타의에 의해서라도 은퇴를 해야 하는데 의사들은 한번 얻은 면허를 계속 유지하고 있는 것이다. 의사면허 유지를 위해 필요한 것은 연간 8점이며, 1점을 받기 위해서는 1~2시간의 교육과정에 참석해야 한다. 매년 90퍼센트가 넘는 의사들이 연수교육을 받고 있으며, 의사 생활을 접은 이들이 있음을 감안하면 거의 모든 의사들이 면허 유지를 위한 연수교육에 참여하고 있다고 할 수 있다. 8점에 해당하는 교육이 나날이 발전하는 의학 지식 습득에 충분한지, 의사에게 지적 판단에 문제가 있을 수 있는 이상이 생겼을 경우에도 면허를 유지하게 하는 것이 바람직한지, 면허 재등록제도를 도입한다면 평가를 어떻게 할 것인지, 수술을 주로 하는 의사에게 손 떨림 현상이 발생한 경우 수술 시행 여부를 본인이 결정하게 할 것인지 등에 대해서는 재검토가 필요하다. 환자의 안전을 위해 의사에게 무한 책임을 요구하면서 면허를 제한하는 방법도 있지만 전 세계 어느 나라에서도 이런 제도를 도입하지 않는 것은 직업 선택의 자유를 제한하는 것도 문제가 있고, 장애를 딛고 일어서는 분들도 흔히 볼 수 있듯이 개인의 의지도 중요하기 때문이다.

3장

현대 의학을 만든 발명과 발견, 그리고 사건

히포크라테스를 '의학의 아버지'라 하는 이유는?

서양 최초의 철학자는 고대 그리스의 철학자 탈레스다. 그는 세상이 물로 구성되어 있다고 주장했다. 오늘날 우리는 그의 주장이 사실이 아님을 알고 있지만 '최초'는 바뀌지 않는다. 탈레스의 주장에 동의를 못한 이들 중 엠페도클레스는 모든 물질이 물, 불, 공기, 흙이라는 4가지 원소로 이루어져 있다고 주장했고, 아리스토텔레스는 여기에 에테르를 더하여 5원소설을 주장했다.

이렇게 각자의 생각을 이야기하는 사람들이 등장한 것이 그로부터 수백 년간 그리스가 학문의 중심지로 남게 되는 이유가 되었다. 그리스 철학의 삼두마차라 할 수 있는 소크라테스·플라톤·아리스토텔레스, 직각삼각형에서 볼 수 있는 특별한 정리를 알아낸 수학자 피타고라스, 왕관에 사용된 금이 순수한지 아닌지를 알아내려다 부력의 법칙을 발견한 아르키메데스, 역사기록을 충실히 남긴 헤로도토스와 투키디데스, 원자론을 주장한 데모크리토스 등이 각자의 관심 분야에서 '창시자'라 이름

붙을 만한 최초의 업적을 남긴 이들이다.

'의학의 아버지'라는 별명을 가지게 되는 히포크라테스도 이 시기에 활약했다. 그가 이와 같이 영광스런 별명을 갖게 된 것은 질병과 의학에 대한 패러다임을 바꾸어놓았기 때문이다. 히포크라테스 이전에는 질병이란 신이 내린 벌이었다. 병에 걸린 사람들은 신의 노여움을 풀기 위해 아스클레피온(의술의 신 아스클레피오스를 기리는 신전)을 찾아 기도를 올렸다.

히포크라테스는 기원전 460년경 그리스의 코스 섬에서 태어났다. 그의 아버지도 의사였던 것으로 알려져 있다. 코스 섬에 있는 아스클레피온에서 의술을 배웠을 것으로 추정되며 코스 섬을 떠나 각지를 여행하면서 학문적 깊이를 더해갈 수가 있었다.

히포크라테스는 질병이 신이 내린 벌이 아니라 자연적인 원인에 의해 발생한다고 주장했다. "질병이란 사람의 몸 내부 환경에 이상이 생겼거나 사람의 몸과 몸 바깥에 위치한 외부 환경의 부조화에 의해 발생하는 것이므로 인체 내부 또는 외부의 잘못된 환경을 정상으로 바로잡아주면 치료가 가능하다"고 보았다. 질병이란 인간의 능력을 넘어서는 차원의 벌이 아니고 사람의 힘으로 고칠 수 있으니 직접 고쳐보자고 한 것이다. 신 중심의 질병관이 사람 중심의 질병관으로 바뀌었으므로 그가 의학의 역사에서 패러다임을 바꾸었다는 이야기를 듣는 것이다. 히포크라테스는 수술용 도구와 수술 방법을 개선하기도 했고,

약초에 관심을 가지고 그 효과를 알아내려 했으며, 질병의 원인을 찾아서 해결하려는 과학적 태도를 지니기도 했다.

히포크라테스가 오랜 기간 명성을 떨친 큰 이유는 히포크라테스 선서와 문헌 때문이다. 1948년 제네바에서 세계의사협회 총회가 열렸을 때 제정한 히포크라테스 선서는 오늘날 전 세계 수많은 의과대학 졸업식에서 의사로서의 본분을 가슴에 새기는 의식의 하나로 진행되곤 한다.

히포크라테스 선서는 히포크라테스가 만든 것은 아니다. 오랜 세월에 걸쳐 여러 사람이 가필한 것으로 추정하고 있다. 따라서 비슷하지만 일치하지 않는 여러 버전의 선서가 존재한다. 이 선서가 계속해서 전해진 것은 의사로서 살아가야 할 방향을 잘 제시해주고 있기 때문일 것이다. 현재 우리나라의 많은 의과대학에서도 히포크라테스 두상과 선서를 새긴 동판을 볼 수 있다. 우리나라에서는 1956년에 연세대학교 의과대학 졸업식에서 졸업생들이 히포크라테스 선서를 하기 시작했다. 당시 연세대 의대에 재직 중이던 양재모 교수가 번역한 것을 사용했다.

히포크라테스의 우수성을 선서보다 더 잘 보여주는 『히포크라테스 전서』는 방대한 의학 지식을 집대성하다시피 한 책이다. 이 또한 히포크라테스가 집필한 것은 아니다. 그의 학문을 공부하는 이들이 기원전 4세기경부터 수백 년에 걸쳐 히포크라테스가 남긴 저술과 관련 자료를 수집하여 발간한 것이다.

『히포크라테스 전서』는 증상에 따라 질병을 분류했고, 잘 알지 못하는 질병에 대해서도 체계적으로 정리를 하려 했으며, 다른 자료보다 치료법을 훨씬 잘 기술했다는 점에서 큰 가치를 지닌다. 또 그 전이나 이후로 관심이 적었던 환경의 영향에 비중을 두었고, 의사가 환자를 대하는 태도를 강조한 점 등이 높은 평가를 받는 이유다.

히포크라테스는 약 600년 가까이 의학의 최고봉에 있었다. 그리스의 뒤를 이어 로마가 세계의 중심이 되었지만 로마는 그리스 문명의 많은 부분을 이어받았고, 히포크라테스의 영향력도 그대로 유지되었다.

서양 의학을 지배한 갈레노스

2세기에 갈레노스가 출현하면서 히포크라테스의 이름은 서서히 쇠퇴하고 갈레노스가 최고의 위치에 오르게 되었다. 갈레노스의 이론은 1300년이 넘도록 서양 의학을 지배했고 절대적인 힘을 발휘했다.

갈레노스는 129년경 오늘날 터키 영토인 페르가몬에서 태어났다. 아버지는 건축가이자 다방면에 관심을 가진 지방 유지였다. 그가 의학으로 진로를 정한 것은 꿈에서 의술의 신 아스클레피오스를 만난 아버지의 결심 때문이었다.

그는 집을 떠나 학문의 중심지라 할 수 있는 알렉산드리아에서 체계적으로 의학을 공부해 전문가의 위치에 올랐다. 그러나 아무리 능력을 갖추었다 해도 로마의 의사들은 변방 출신인 그를 제대로 인정하지 않았다.

귀향한 그는 외과 의사로 활약했다. 골절과 탈구 치료법, 외상 입은 머리 치료법, 실로 찢어진 상처를 봉합하거나 잘린 혈관을 결박하는 법, 종양과 낭포의 수술법 등 많은 치료법을 개발했다. 그의 명성이 점점 높아져가자 아우렐리우스 황제는 그를 시의로 발탁하여 로마로 불러들였다. '로마 최고의 의사', '의사의 왕자' 등 다양한 별명을 가진 그는 의학에서 실험을 통한 관찰의 중요성을 강조했으며, 구조를 다루는 해부학과 기능을 다루는 생리학에 훌륭한 업적을 많이 남겼다.

그는 부상을 입은 검투사를 치료하면서 인체에 관심을 가지게 되었다. 그러나 고대 로마에서는 인체 해부를 금지했으므로 대신 각종 동물을 해부해 지식을 쌓았고, 이를 책으로 남겨놓았다. 그의 해부학적 지식은 인체가 아닌 동물의 해부에 의해 얻어진 것이었으므로 혈관이나 내장에 대해서는 오류가 많았다.

그러나 중세 유럽에서는 그의 학문적 권위가 절대적으로 받아들여졌다. 왜냐하면 갈레노스가 갖고 있던 목적론적 신념과 중세 기독교의 세계관이 잘 맞아떨어졌기 때문이다. 갈레노스는 아리스토텔레스의 "모든 존재는 헛되이 존재하는 것이 아니라 각각 고유의 기능을 하기 위해 존재하는 것이다"라는 목적론적 신념에 근거하여 동물 해부를 통해 알게 된 생체 내에 존재하는 모든 조직이나 기관에 대해 의미를 부여했다. 중세 내내 그 누구도 갈레노스 이론의 잘못된 부분을 지적하지 못했다. 그의 저술을 부정하는 것에 대해 신에 대한 모독과 같은 취급을 했으므로 그의 의학이 진리로 받아들여졌다.

영원히 지속될 듯하던 그의 의학적 권위는 14세기에 페스트가 전 유럽을 공포의 도가니로 몰아넣으면서 서서히 의심을 받게 된다. 그의 책에 페스트에 대한 내용이 실려 있지 않았기 때문이다. 16세기에 이르러 파도바 대학의 안드레아스 베살리우스(Andreas Vesalius)가 『인체의 구조에 관하여』에서 "갈레노스의 책에도 엉터리가 많으니 반드시 직접 확인해야 한다"고 주장했다. 실제로 인체를 해부해보니 갈레노스의 해부학에 오류가 많다는 것을 알게 된 것이다. 베살리우스는 과거의 권위를 인정하지 말고 직접 관찰과 실험을 해본 후에 진위 여부를 판단하자고 주장했고, 그의 주장을 따라 연구를 하는 이들이 늘어나기 시작하면서 의학의 역사에 큰 영향을 주었다.

4체액설을 신봉한 갈레노스는 사혈(피를 뽑아내는 치료법)이 여러 질병 치료에 유용함을 주장했다. 중세 이후 근대에 접어들면서 사혈에 대해서는 비판적 입장을 취하는 학자들이 등장하기는 했지만 20세기 초 현대 의학의 기틀을 다진 존스홉킨스의 윌리엄 오슬러가 "요즈음 사혈을 전보다 덜 하고 있는 것이 의학이 발전하지 않는 이유다"라고 한 데서 볼 수 있듯이 그의 영향력은 꽤 오랫동안 남아 있었다.

갈레노스가 인류 역사에서 가장 오랜 기간 의학을 지배할 수 있었던 것은 노력도 중요하지만 시기적으로 행운이 따라야 명성을 발휘할 수 있음을 보여주는 예라 할 수 있을 것이다.

생명의 액체

건강을 위해 곰의 쓸개즙이나 사슴의 피를 마시는 사람들이 있다. 하지만 의학 지식에 비추어보면 그 효과는 불분명하다. 쓸개즙과 피 속의 영양 성분을 살펴봤을 때 그다지 인간의 건강에 도움이 될 가능성이 없기 때문이다. 오히려 동물 체내의 미생물이 사람 몸에 들어와 심각한 병을 일으킬 가능성이 있다.

피를 이용하여 건강을 유지하고 생명을 연장할 수 있다는 개념은 사실 오래된 역사를 가지고 있다. 로마에서는 건강하고 젊은 사람의 피를 먹으면 회춘한다고 믿은 귀족들이 검투사의 몸에서 피를 빼내 마셨다. 이집트의 파라오는 질병을 치료하기 위해 피로 목욕을 하기도 했다. 성경에는 "육체의 생명은 피에 있"으니 "어떤 육체의 피든지 먹지 말라"는 표현이 여러 번 나온다.

히포크라테스, 갈레노스는 4체액설을 신봉했다. 사람의 몸속에 들어 있는 4가지 체액, 즉 혈액 · 점액(침, 땀 등) · 흑담즙 · 황담즙이 불균형을 이루면 병이 생긴다고 생각했다. 담즙(쓸개즙)이 검은색이라는 둥 오늘날에는 받아들여지지 않는 엉터리 이론이지만 특별한 치료법이 없던 2세기부터 1900년에 이르기까지 이 이론에 근거를 두고 몸의 피를 뽑아내는 사혈이 시도되었다. 네 가지 체액의 균형을 유지하려면 부족한 걸 채워주거나 남는 것을 빼내야 할 텐데 넣어주기는 어렵고, 할 수 있는 일이라고는 피를 빼내는 것뿐이었기 때문이다.

그러던 중 1628년 영국의 의사 윌리엄 하비(William Harvey)가 혈액이 어떻게 인체를 순환하는지를 밝힌 책을 출판한다. 이때부터 수혈에 대한 관심이 폭발적으로 늘어났다. 영국의 의사 리처드 로워(Richard Lower)는 사람들이 지켜보는 앞에서 개의 경정맥에서 피를 제거해 혼수상태에 빠지게 한 다음 다른 개의 경동맥과 관으로 연결해, 수혈을 받은 혼수상태의 개가 정신을 차리고 깨어나는 실험에 성공했다. 자신감을 얻은 로워는 1667년 11월, 치료를 위해 양의 피를 사람에게 수혈했으나 성공하지 못했다.

프랑스 루이 14세의 시의였던 장-바티스트 드니(Jean-Baptiste Denys)는 로워의 수혈 실험에 대한 이야기를 들었다. 그는 수혈을 시도하기 위해 동물에서 동물로 수혈하는 방법을 연습했다. 1667년에 그는 고열로 고생하고 있던 한 소년을 치료하기 위해 새끼 양의 피를 수혈했다. 소년은 수혈 부위인 팔에 열이 난 것을 제외하고는 별다른 이상 없이 증세가 호전되었다. 이에 드니는 다른 환자를 대상으로 수혈을 계속했으나 수혈을 받

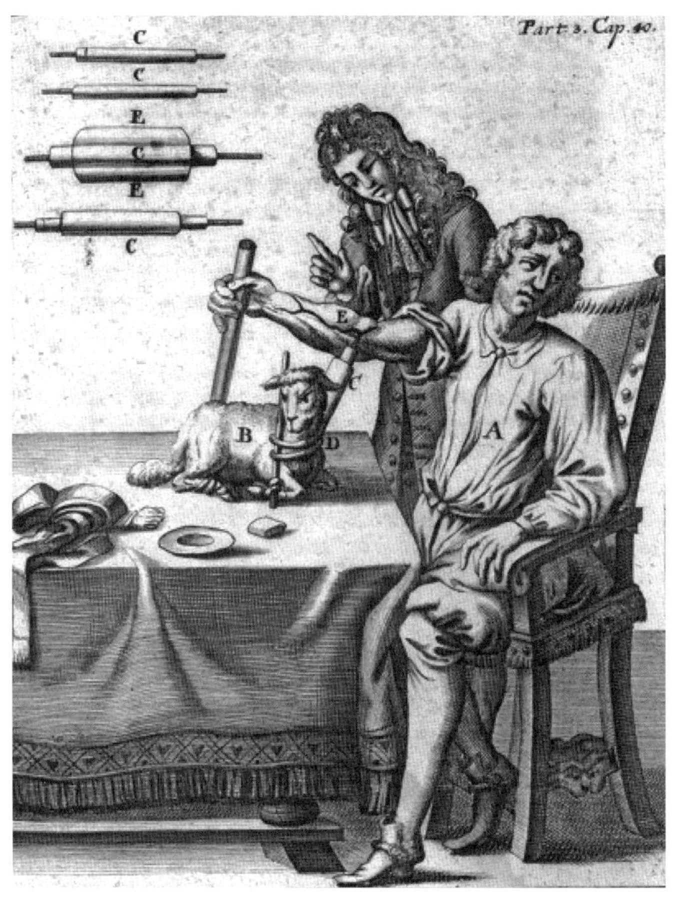

혈액형의 존재를 몰랐던 의사들은 환자를 살리기 위해 동물의 피를 인간에게 수혈하기도 했다.

은 환자는 사망하고 말았다. 프랑스 정부는 수혈을 금지하는 법안을 공포했고, 수혈은 두 세기가 바뀔 때까지 법으로 금지됐다.

수혈이 성공하려면, 혈액을 빼내고 주입하는 기구가 개발돼야 한다. 또한 빼낸 혈액이 응고되지 않도록 하는 기술, 이 과정에서 병원성을 지닌 미생물에 감염되지 않도록 하는 기술이 필요하다. 그리고 주는 사람과 받는 사람의 혈액형이 적합해야 성공적인 결과를 얻을 수 있다.

18세기까지만 해도 혈액을 주고받는 데 사용하는 기구는 점차 개량되고 있었지만 그 외의 수혈에 대한 지식이 없었다. 1818년 영국의 산부인과 의사 제임스 블런델(James Blundell)은 처음으로 사람의 혈액을 사람에게 수혈했다. 출산 후 출혈이 멈추지 않아 목숨이 위태로워진 산모들에게 주사기로 수혈을 시도한 것이다. 아직 혈액형이 발견되기 전이었기 때문에 수혈을 받은 산모들 중 일부는 살았고, 일부는 죽었다. 1901년 오스트리아의 세균학자 카를 란트슈타이너(Karl Landsteiner)는 혈액을 A형, B형, C형으로 나눌 수 있다는 사실을 발견했다. C형은 나중에 '영'이라는 뜻에서 O형으로 바꾸었다. AB형은 1901년에 다른 학자들에 의해 발견되었다. 20세기에 들어와서 몸 밖으로 흘러나온 피의 응고를 방지할 수 있는 다양한 물질이 발견되기 시작하면서 수혈을 이용한 치료가 원활히 이뤄지기 시작했다.

자신의 위를 내어준 남자

소화에 대한 연구로 가장 유명한 사람은 러시아의 생리학자 이반 파블로프(Ivan Pavlov)다. 그는 소화의 생리적 기전을 연구하여 1904년 노벨 생리의학상을 수상했다. 그런데 파블로프보다 훨씬 앞서서 소화 기전을 연구한 학자가 있었다. 그의 놀라운 연구를 살펴보기에 앞서 소화에 대해 좀 더 알아보자.

소화란 입으로 섭취한 음식물(탄수화물, 지질, 단백질 등의 성분)이 입, 식도, 위, 소장, 대장 등으로 이루어진 소화기관을 거치면서 작게 분해되는 현상을 말한다. 각 소화기관 별로 담당하는 기능은 다르다. 입에서는 탄수화물만 약간 소화되고, 식도는 단지 음식물의 통로 역할만 한다. 위에서는 지질과 단백질의 소화에 필요한 효소와 위액이 분비된다. 소장에서는 담도를 따라 흘러들어온 담즙과 췌장에서 분비된 소화효소들이 소화되지 않은 음식물을 완전히 분해시킨다.

19세기 초반까지 어떻게 소화가 이루어지는지, 즉 소화 기전에 대한 연구는 주로 새나 개 등의 동물을 대상으로 이루어졌다. 사람이 대상인 경우에는 식도로 역류한 위액을 채취하여 음식물과 혼합해서 음식물이 어떻게 되는지를 관찰하는 것이 고작이었다. 그러나 실제 위 속에 음식물이 들어 있을 때와는 전혀 다르므로 의미 있는 결과를 얻을 수는 없었다.

그런데 1822년 6월 6일, 미시건 주에 있는 맥키낙 아일랜드에서 문제의 사건이 일어났다. 모피 회사에서 사냥을 위해 덫을 놓는 일과 운반하는 일을 담당하던 열여덟 살의 알렉시 마르탱(Alexis Martin)이라는 직원이 총에 맞았다. 총기 오발 사고로, 총구는 마르탱으로부터 1미터도 떨어져 있지 않았다. 그 결과는 끔찍했다. 왼쪽 옆구리를 뚫고 들어온 총알은 5번, 6번 갈비뼈와 왼쪽 폐의 아랫부분을 파괴한 다음 위의 앞쪽에 구멍을 냈다. 근처에 있던 맥키낙 요새의 군의관 중 유일한 외과 의사였던 윌리엄 버몬트(William Beaumont)가 사고 즉시 달려와 상처 부위에 남겨진 이물질을 제거하고 소독을 했지만, 20분도 채 살지 못할 거라고 생각했다.

그러나 놀랍게도 마르탱은 출혈이 심하지 않았고, 이차감염도 발생하지 않은 채 서서히 회복되기 시작했다. 비록 섭취한 음식물이 위에 뚫린 구멍을 통해 밖으로 나오는 일이 종종 있었지만, 4주가 지나자 그 구멍도 부분적으로 닫히기 시작했다. 이때부터 마르탱의 식욕과 소화 기능이 완전히 정상으로 돌아왔다. 위벽의 구멍은 음식물이 밖으로 나가지 못하게 할 정도는 됐는데, 손가락으로 밀면 위 내부를 들여다볼 수 있었다. 사고

18개월 후에는 위 내벽이 자라서 구멍을 덮는 층이 형성되었는데, 뚜껑처럼 열어서 볼 수가 있었다.

마르탱은 18개월 동안 행정 당국으로부터 금전적인 지원을 받았다. 그 후에는 버몬트가 생활을 도와주면서, 둘은 좋은 관계를 계속 유지했다. 버몬트는 마르탱에게 소화 기전을 알아내기 위한 연구에 도움을 청했다. 마르탱은 10년 동안 약 200회에 걸쳐 버몬트가 소화 기전에 대한 연구를 진행하도록 협조했다.

여든한 살 때의 알렉시 마르탱. 그는 총상을 입은 위를 통해 군의관 윌리엄 버몬트가 소화 과정을 관찰할 수 있도록 도왔다.

버몬트는 공복 상태로 누워 있는 마르탱의 위에서 채취한 위액을 조사했다. 그 결과 그때까지의 위액, 즉 구토를 할 때 식도를 역류해 올라오는 위액과는 성분이 다르다는 사실을 발견했다. 그리고 소화시켜야 할 음식물이 위로 들어오는 경우에만 산성 위액이 분비된다는 사실도 밝혔다. 음식물이 소화되는 순서를 확인하기 위해 음식물을 실로 매단 후 위 내부에 넣어두고 시간 경과에 따라 꺼내어 관찰했다. 또 소화액을 위 밖으로 꺼내어 온도를 바꿔 가면서 실험하는 등 여러 가지 조건에서 다양한 연구를 진행하였다.

여기에서 얻은 결과를 바탕으로 버몬트는 1833년 「위액과 소화생리의 실험과 관찰」이라는 논문을 발표했다. 버몬트의 연구 방법은 생리학에서 실험의 중요성을 깨닫게 해주었고, 후대의 과학자들에 의해 실험생리학이 탄생하는 데 기폭제 역할을 했다. 실험생리학의 창시자인 프랑스의 클로드 베르나르(Claude Bernard), 러시아의 파블로프 등의 연구에 큰 영향을 주었다.

세포병리학의 창시자

1848년, 프로이센의 슐레지엔 지방에서는 발진티푸스가 유행하고 있었다. 프로이센 정부는 서서히 명성을 쌓아가고 있던 젊은 의학자 루돌프 피르호(Rudolf Virchow)를 파견했다. 피르호에 눈에 비친 가난한 사람들의 비참하기 이를 데 없는 현실은 자유주의적이던 그의 정치 성향을 바꾸어놓았다. 3주간의 조사를 마친 후 정부에 제출한 그의 보고서는 정부의 위생 행정에 문제가 있으며 발진티푸스가 유행하는 것은 개인의 잘못이라기보다 위생 상태가 불량한 사회적 여건에 문제가 있다는 주장을 담고 있었다. 교육 수준을 끌어올리고, 경제 정책을 개혁하여 생활 수준을 올리는 일이 중요하다는 내용도 덧붙였다. 질병은 개인의 잘못이라는 관념에서 벗어나 사회 문제임을 직시한 첫 사건이었다.

1543년 안드레아스 베살리우스(Andreas Vesalius)의 해부학에 의해 의학 혁명이 일어난 후 윌리엄 하비의 혈액순환론이 등장하면서 질병이 일어난 인체에서 어떤 부분에 문제가 발생했는지를 찾아내는 일에 가속이 붙기 시작했다. 그러나 질병의 결과만 알 수 있었을 뿐 어떤 경로에 의해 인체에 그러한 변화가 일어나는지를 알아내는 일은 쉽지 않았다.

질병 발생 기전을 알기 위해서는 인체의 생리 현상을 이해하는 것이 필수적이다. 유럽에서 사람의 몸에서 일어나는 생리 기능을 연구하기 위한 최초의 실험실을 갖춘 사람은 프랑스의 생리학자 프랑수아 마장디(François Magendie)였다. 기존의 정형화된 진리에 문제가 있음을 발견한 그는 동물실험을 통해 인체의 생리를 연구하여 실험생리학의 기틀을 다졌다. 그는 당시에 프랑스에 널리 퍼져 있던 동물실험에 대한 반감에 맞서 싸워야 했다. 결과적으로 그의 제자인 클로드 베르나르에 이르러 결코 쉬운 길이 아니었던 실험 방법론이 완성되었다.

베르나르는 우리 몸을 구성하고 있는 각 부분이 각기 다른 기능을 수행하지만 내부 환경(milieu intérieur)을 일정하게 유지하려는 하나의 목표를 가지고 있다는 사실을 발견했다. 동시대에 활약한 파스퇴르는 질병 발생과 발효가 모두 미생물에 의해서 생기는 현상임을 입증했다. 베르나르는 사람 몸의 정상적인 생리 작용이 여러 화학 반응의 절묘한 조화에 의해 유지된다는 사실을 입증했다. 이 둘의 업적을 합쳐놓으면 미생물에서나 사람에게서 일어나는 기능이 상통한다고 할 수가 있다.

사람의 신체가 이를 구성하는 여러 부분이 정교하게 모여서 이루어진 복합체이며, 혈액이 장기와 조직 간에 전달자 역할을 한다는 생각은 사람의 몸을 바라보는 완전히 새롭고 획기적인 사고방식이었다. 이러한 방식으로 인체를 바라보게 되면서 4체액설과 같이 모호하고 추상적인 개념은 더 이상 받아들여지지 않게 되었다.

파리에서 파스퇴르와 베르나르가 질병 발생 기전에 대해 새로운 이론을 도입하고 있을 때 독일에서는 피르호가 사람의 몸을 구성하는 세포의 변화에 대해 관심을 가지고 있었다. 세포는 1665년 영국의 과학자 로버트 훅(Robert Hooke)이 처음으로 발견했다. 훅은 자신이 만든 현미경으로 코르크를 들여다보다가 세포를 발견했고 무수히 많은 작은 격자를 cell이라 불렀다. '작은 방'을 뜻하는 라틴어 cella에서 유래한 말이었다. 그로부터 약 한 세기 반이 지나는 동안 네덜란드에 안토니 레이우엔훅(Antonie Leeuwenhoek)이라는 출중한 현미경 제작 및 관찰자가 출현하기는 했지만 현미경으로 관찰하는 일은 단순한 취미활동에 불과할 뿐 어느 누구에게도 이익이 없었으므로 그다지 발전이 이루어지지 않았다. 1830년대에 현대식 현미경을 제작할 수 있게 되면서 독일의 마티아스 슐라이덴(Matthias Schleiden)이 식물이 세포로 되어 있다는 사실을, 테오도어 슈반(Theodor Schwann)이 동물도 세포로 되어 있다는 사실을 발견한 것이 세포 연구에 불을 크게 지피는 결과를 가져왔다. 그러나 이들의 발견은 쉽게 받아들여지지 않았다. 특히 유스투스 리비히(Justus von Liebig)와 그의 동료 화학자들은 이들을 격렬하게 공격하였다.

이러한 이유로 1844년 스물셋의 피르호가 첫 연구 과제로 받은 것이 혈관의 염증 반응에서 세포의 변화를 관찰하는 것이었다. 질병 발생 과정에서의 세포 변화는 평생에 걸친 연구 주제가 되었다. 피르호는 세포는 더 이상 어떤 알 수 없는 힘의 부산물이 아니라 질병이 있을 때나 없을 때나 항상 생명체를 이루는 기본 단위임을 주장했지만 당시 권위 있는 학술지는 기존의 자연발생설을 지지하는 학자들에 의해 주도되고 있었으므로 피르호의 이와 같은 주장은 학술지에 발표될 수가 없었다. 이에 피르호는 뜻을 같이하는 젊은 학자들과 함께 1846년에 새로운 학술지를 창간하였다.

그러나 피르호의 노력은 프로이센의 의학계에서 보기에는 생뚱맞은 것이었고, 1848년에 슐레지엔 지방에서 유행한 발진티푸스를 조사한 보고서에서 기득권층을 비난해 반감을 샀다. 결국 반대 세력에 의해 베를린 대학에서 쫓겨난 그는 뷔르츠부르크 대학 교수가 되어 연구에 전념하게 된다. 오늘날 피르호가 '세포병리학의 창시자'로 잘 알려져 있는 것은 1840년대 말부터 세포가 생명체의 기본 단위라는 개념이 받아들여지고, 질병의 원인을 세포에서 찾게 되었기 때문이다. 1858년에 출간한 『세포병리학』은 인체 조직의 병리와 세포를 연관 지어 생각하게 해주었다.

그에게 몸이란 세포(시민)가 모여 이루어진 공화국이고, 건강이란 각 세포들의 민주주의가 구현된 상태이며, 질병이란 민주주의가 파괴된 상태를 가리키는 것이었다. 피르호는 미시적인 세포병리학과 거시적인 정치학을 하나의 이론으로 설명하고자 했다. "의학은 사회과학이며, 정치는 큰 규모의 의학이다."

죽음의 지도를 그린 의사

"외출했다 돌아오면 반드시 손을 씻으세요."

"전염병은 예방접종으로 예방하세요."

"수돗물에 불소를 넣으면 충치를 예방할 수 있습니다."

이와 같은 내용은 개인이 아닌 집단을 대상으로 질병을 예방하기 위해 시도할 수 있는 조치들이다. 특정 전염병이 유행할 경우 이를 피하기 위해 개인적으로 노력하기보다는 미리 전체 집단이 예방접종을 받는 편이 훨씬 더 쉬운 방법이다. 의학이란 개인의 질병을 치료하는 학문이지만 개인의 질병을 치료하려면 사회를 구성하는 각종 요소를 건강하게 유지해주는 것이 중요하다.

영국 런던에는 영국 박물관(British Museum)을 비롯하여 수많은 명소가 있지만 런던 박물관(Museum of London)도 빼놓을 수 없다. 런던 박물관을 처음 방문했을 때 가장 눈에 띈 것은 19세기 중반 런던에 콜레라가 대유행을 했을 때 존 스노(John Snow)가 그린 지도를 사람 키보다 더 크게 확대해놓은 전시물이었다. 학창 시절에 예방의학을 공부할 때부터 눈에 익은 지도인데 아주 크게 확대를 해놓고, 그 지도의 가치가 드러나 있는 설명을 읽고 있으니 혼란스런 분위기에서 의학적 문제를 해결하기 위해 노력한 스노의 모습이 보이는 듯했다.

1831년 영국에서 콜레라가 유행할 때 열여덟 살 외과 견습생이 킬링워스 탄광의 콜레라 희생자들을 도우러 왔다. 농부의 아들로 태어나 열네 살 때 견습생이 되었고, 런던의 왕립의학학교에 입학시험을 치르려던 스노였다. 수년 후 그는 런던에

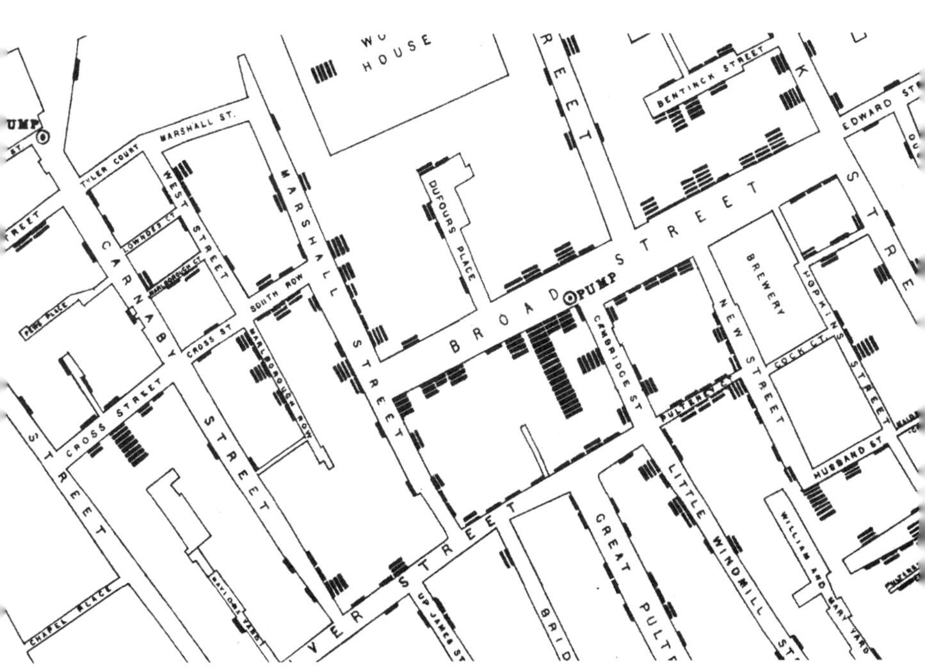

| 존 스노가 그린 콜레라 지도. 사망자의 숫자를 검은 선으로 표시했다.

서 활동하는 선구적인 마취과 의사이자 훌륭한 외과 의사가 되었다. 빅토리아 여왕이 출산할 때 클로로포름을 사용해 무통분만을 보편화하는 계기를 만들기도 했다.

콜레라의 발생을 유심히 관찰한 학자들은 콜레라가 사람들이 왕래하는 큰 길을 따라 번져가지만 사람보다 빠르지는 않다는 것과 콜레라가 유행한 곳으로부터 배가 들어오는 경우 반드시 항구에서부터 환자가 발생한다는 것을 통해 콜레라가 사람을 통해 전파된다는 사실을 알아냈다. 이 발견은 당시까지 전염병의 원인으로 지목되고 있던 미아즈마설을 뒤집는 것이었다. 미아즈마설에 따르면 빈곤층이 밀집된 주거환경에서 어떤 사람들은 질병에 걸리고 어떤 사람들은 질병에 걸리지 않는 것은 개인적 차이, 도덕적 성격, 기타 여러 요인들로 설명되었으나 스노는 장질환인 콜레라는 감염을 일으키는 병원체가 장관에서 배출될 것이라 생각했고, 이 배설물에 오염된 음식이나 물을 먹는 사람들이 콜레라에 걸리는 것으로 생각했다.

1853년 콜레라가 런던에서 재유행할 때 스노는 콜레라 환자의 분포와 상수도 공급회사의 상관성에 대한 연구를 수행했다. 스노는 런던 지도를 펼쳐놓고, 사망자가 발생한 지역을 표시함으로써 어떤 지역이 어떤 회사로부터 상수를 공급받는가를 면밀하게 조사한 결과 브로드 가 펌프의 물을 마시는 지역에서 사망자가 훨씬 많이 발생한다는 사실을 발견했다. 문제가 되는 펌프의 손잡이를 제거하자, 발병이 서서히 줄어들었다.

상수도 공급 분포와 질병 분포에 대한 그의 연구는 과학적 공중보건의 선구적 업적으로 평가받고 있으며, 이것이 그가 '공중보건학의 창시자'로 알려지게 된 이유다.

스노는 반대자들이 꼼짝 못할 정도의 합리적 방식으로 감염원의 개념을 공중보건에 도입하고자 했다. 그러나 콜레라가 오염된 물을 통해 전파된다는 그의 주장은 당시로서는 받아들이기에 너무나도 생소한 생각이었다. 당시는 세균이 발견되기 전이었기 때문이다. 오늘날 공중보건학의 시초라 볼 수 있는 그의 지극히 합리적인 주장은 빛을 보지 못한 채 묻혀버렸고, 그는 얼마 지나지 않아 세상을 떠났다.

1880년대가 되자 의학에 새로운 변화가 나타났다. 당시는 이미 파스퇴르가 눈에 보이지 않는 미생물이 전염병의 원인이며, 백신을 접종함으로써 이를 예방할 수 있음을 보여준 상태였다. 독일의 코흐는 전염병이 서로 다른 세균에 의해 발생한다는 생각으로 전염병 환자로부터 얻은 시료를 현미경으로 관찰하기 시작했다. 그의 연구 결과에 의해 질병의 세균설이 받아들여지고 세균학이 발전하게 되자, 1890년대에는 공중보건학자들도 세균설을 받아들이게 되었다.

20세기에 들어서자 세계 각지에서 환경위생 개선을 위한 노력이 정부를 비롯한 여러 기관에서 전개되었다. 지역사회보건을 담당할 보건소 설립, 지구상에서 일어나는 보건 문제를 담당하기 위한 세계보건기구 설립, 최초의 사회보장법 도입

(1935), 유엔인간환경회의 개최(1972), 일차보건의료를 강조한 알마아타 선언(1978) 등 공중보건을 위한 제도와 담당기구를 설치해왔다.

자신의 몸을 실험 대상으로 삼은 사람들

일반적인 의학 연구 과정은 이렇다. 화학물질이나 세포를 이용한 연구에서 가능성 있는 결과를 보이면 그다음 동물 실험을 시도하고, 거기에서도 좋은 결과를 얻으면 사람을 대상으로 실험을 한다. 사람을 대상으로 하는 연구를 임상시험 또는 임상연구라 한다. 이와 같이 수년이 걸리는 긴 과정을 거쳐야 하는 것은 안전성을 확보하기 위함이다.

오늘날에는 의학자들이 자신이나 연구 책임자, 또는 이해관계가 있는 사람의 몸을 이용해 연구하는 것이 금지되어 있다. 이유는 이해관계에 의해 원치 않는 실험에 참여하거나 연구 과정에서 편견이 발생하는 것을 막기 위함이다.

그러나 과거에는 자신의 주장에 대한 근거를 제시하기 위해 자신의 몸을 실험대상으로 삼은 경우가 많았다. 지금은 "기초자료도 부실한 상태에서 무리하게 연구를 진행했다"고 비판받을 수 있는 행위가 과거에는 "자신의 몸까지 던지면서 진행한 희생적인 연구"라는 상반되는 평가를 받았다.

1767년 영국의 외과 의사 존 헌터(John Hunter)는 성병에 걸린 환자의 고름을 자신의 몸에 주입했다. 현미경으로 세균을 볼 수 있게 된 것은 19세기 후반의 일이므로 헌터가 활약한 18세기만 해도 세균을 관찰하는 것이 거의 불가능했다. 헌터는 매독과 임질 같은 성병의 발생 과정을 연구하기 위해 자신의 몸을 대상으로 인체 실험을 시도한 것이다. 그때까지는 학자들이 주로 병소 부위 위주로 연구를 진행했으나 헌터는 자신의 몸을 이용한 실험을 통해 매독과 임질이 사람 간의 성적 접촉을 통해 전파되는 병이라는 것을 확인했다. 하지만 치료 방법을 찾아내지는 못했고 전파 경로만 확인하는 데 그치고 말았다.

독일 뮌헨 대학의 막스 페텐코퍼(Max Pettenkofer)는 자신의 이론이 맞다는 것을 증명하기 위해 콜레라균을 들이켰다. 19세기가 되자 인도 지방의 풍토병이었던 콜레라가 전 세계적으로 유행했다. 수백만 명이 심한 설사를 하다가 탈수 증세로 죽어갔다. 당시에는 전염병의 주된 원인이 미아즈마(물질이 썩으면서 발생하는 공기 중의 해로운 성분)라고 믿던 시대였다. 위생학 교수로 명성을 떨치고 있던 페텐코퍼도 콜레라의 주된 원인이 미아즈마라고 믿던 사람들 중 하나였다. 페텐코퍼는 음료수와 지표수가 분리되도록 안전한 상수도 공급체계를 개발해 뮌헨 시민을 콜레라로부터 해방시켰다. 이 결과를 본 영국에서도 상수도 체계를 개선해 콜레라를 해결할 수 있었다. 페텐코퍼는 결과적으로는 콜레라를 해결했으나 근본적인 원인을 밝혀낸 것은 아니었다.

세균이 전염병의 원인이라는 것을 증명한 코흐는 1883년 연구팀을 이끌고 이집트로 가서 콜레라의 원인균을 발견했다. 코흐는 1876년에 탄저균을 발견하고, 1882년에는 결핵균을 발견한 데 이어서 콜레라균까지 발견하면서 '세균학의 아버지'로 불리게 되었다.

그러나 세균이 질병을 일으킨다는 주장에 동의하지 않던 페텐코퍼는 이를 증명하고자 사람들 앞에서 콜레라균을 마셨다. 그런데 의외로 아무 일도 생기지 않았다. 자신이 맞다고 생각한 페텐코퍼는 자신의 이론을 더욱 강력히 주장했다. 콜레라균을 들이켠 페텐코퍼에게 왜 아무 증상도 일어나지 않았는지는 확실히 알 수 없다. 아마도 흥분된 상황에서 위산분비가 증가되어 식도를 통과한 콜레라균이 위를 통과하지 못하고 멸균되었을 것이라는 추측만 가능할 뿐이다. 하지만 이후 계속된 실험에서 콜레라균이 포함된 음료수를 마신 제자가 콜레라에 걸리자 그는 코흐가 발견한 비브리오 콜레라균이 콜레라의 원인이라는 사실을 인정하지 않을 수 없었다.

미국이 거대한 영토를 갖게 된 것은 1803년 나폴레옹으로부터 루이지애나를 구입한 뒤다. 이 당시 루이지애나는 북아메리카 중부에 있는 프랑스 식민지를 가리키는 말이었다. 나폴레옹이 루이지애나를 헐값에 팔아버린 데는 '황열(yellow fever)'이라는 전염병으로 군대가 궤멸하다시피 한 것도 한몫을 했다.

이로써 미국의 영토는 두 배로 늘어났다.

19세기가 끝나갈 무렵 미국 정부는 뒤늦게 "아메리카는 아메리카에게"라는 주장을 하며 남아메리카로 진출하려 했는데 가장 문제가 된 것은 황열을 비롯한 열대성 풍토병이었다. 해결책을 모색하기 위한 황열 위원회의 책임자는 미군 군의관 월터 리드였다. 자문을 요청받은 쿠바의 카를로스 핀레이(Carlos Finlay)는 황열이 모기에 의해 전염된다는 자신의 가설을 설명해주었다.

리드 연구팀은 이 가설을 직접 확인해보기로 했다. 연구팀 의사, 병사 등 자원자들이 황열 환자의 피를 빨아먹은 모기에 물리는 실험을 한 것이다. 모기에 물린 자원자들 중 일부가 황열에 걸렸으며 그중 한 명인 미국인 의사 제시 라지어(Jesse Lazear)는 아내와 두 아이를 두고 세상을 떠나고 말았다.

라지어의 목숨을 앗아간 비밀 실험을 통해 리드는 이집트숲모기가 황열을 매개함을 증명했고, 사람들 간의 접촉에 의해서는 결코 전파되지 않는다는 내용의 보고서를 제출했다. 1901년에 리드의 뒤를 이어 쿠바에 부임한 윌리엄 고르거스(William Gorgas)는 숙소에 그물망을 설치하고, 고인 물이 흐를 수 있도록 배수로를 만들었으며, 제초제 및 살충제를 뿌리고 유충을 사멸시키는 식으로 모기 박멸 운동을 전개하여 황열 예방에 좋은 결과를 얻었다. 황열이 예방됨으로써 미국은 파나마 운하 건설에 성공할 수 있게 되었다.

우리나라의 유산균 음료 광고에 출연한 호주의 배리 마셜(Barry Marshall)도 실험을 위해 균을 섭취한 것으로 유명하다. 내과 의사 마셜은 연구 주제를 찾는 과정에서 같은 병원의 선배 교수인 로빈 워런(Robin Warren)의 이색적인 아이디어에 관심을 가졌다. 위궤양을 일으키는 것이 위 속에 살고 있는 세균이라는 주장이었다.

당시의 상식은, 위에서는 소화를 위해 강산성인 위액이 분비되고 있기 때문에 세균이 존재한다는 것은 불가능하다는 것이었다. 그러나 마셜은 워런의 아이디어에 동의하고, 자신이 찾아낸 세균이 위 속에서 생존 가능하고 궤양을 발생시킨다는 주장을 뒷받침하기 위해서 자신이 배양한 균을 직접 먹는 실험을 했다. 이렇게 발견한 것이 바로 헬리코박터균이다.

지금은 이와 같은 실험이 윤리적으로 허용되지 않으므로 몰래 연구를 하여 좋은 결과를 얻는다고 해도 논문으로 발표할 수는 없다. 권위 있는 학술지에서는 연구윤리 심의를 받은 증명을 요구하기 때문이다.

발전의 기폭제가 된 청진기

의사의 대표적인 상징물로 가운, 수술복 등과 함께 청진기를 떠올리곤 한다. 청진기는 심장이 뛰는 소리, 공기가 호흡기관을 통과할 때 나는 소리, 혈압 측정시 동맥이 뛰는 소리 등 사람 몸속에서 나는 소리를 듣기 위해 사용하는 기구다. 주로 심장내과, 호흡기내과, 소아청소년과, 가정의학과 등에서 사용한다. 그렇다면 청진기는 언제 누가 발명했을까?

히포크라테스 관련 자료에도 몸에서 발생하는 소리를 듣는 것이 질병 여부를 판정하는 데 도움이 된다는 이야기가 나온다. 그러나 의사라고는 남성밖에 없던 시절에 여성의 몸에 귀를 댄다는 것은 불가능한 일이었다. 뚱뚱한 사람들의 경우는 아무래도 야윈 사람들과 비교할 때 소리를 듣기가 더 어렵기도 했다.

가장 큰 문제는 몸속의 소리를 들어봐도 무슨 병인지 알 수가 없다는 것이었다. 2000년이 넘는 시간이 흐르는 동안 흥미삼아 소리를 들어본 사람이 있을 수는 있겠지만 어떤 소리가 어떤 이상을 의미하는지도 몰랐고, 정상과 비정상을 구별하는 것조차 쉽지 않은 데다 설사 질병의 정체를 안다고 해도 그 질병을 해결할 수 있는 마땅한 치료법이 없던 시절이었다. 의학이 인류의 질병을 고칠 수 있게 된 것은 불과 150여 년밖에 되지 않았다.

오늘날에는 의사가 환자를 진찰할 때 말로 상태를 알아보는 문진 외에 보고(시진), 만져보고(촉진), 듣고(청진), 두드려보는(타진) 방법을 기본적으로 사용한다.

타진법이 청진기보다 앞서 활용되었다. 1761년 오스트리아의 의사 레오폴드 아우엔부르거(Leopold Auenbrugger)는 환자의 몸을 손가락으로 두드렸을 때 나는 소리로 진단을 내리는 타진법을 제안했다. 술통을 두드려보면 그 안에 술이 얼마나 남아 있는지 알 수 있다는 데서 아이디어를 얻었다는 이야기가 전해진다.

청진기는 프랑스 의사 르네 라에네크(René Laennec)가 발명했다. (1819년에 라에네크가 쓴 책에 따르면) 1816년 9월 4일, 풍만한 몸을 가진 여성 환자가 찾아오자 라에네크는 순간적인 기지를 발휘하여 종이를 돌돌 말아서 한쪽 끝을 여성의 가슴에 대고 다른 쪽 끝은 자신의 귀에 대고 들어보았다는 것이다. 그의 청진기 발견에도 유명한 에피소드가 있다. 1816년 어느 날, 거리를 걷고 있던 라에네크는 어린이들이 종이를 말아서 공기가 울리는 소리를 듣고 있는 데서 힌트를 얻어서 청진에 응용했다고 한다.

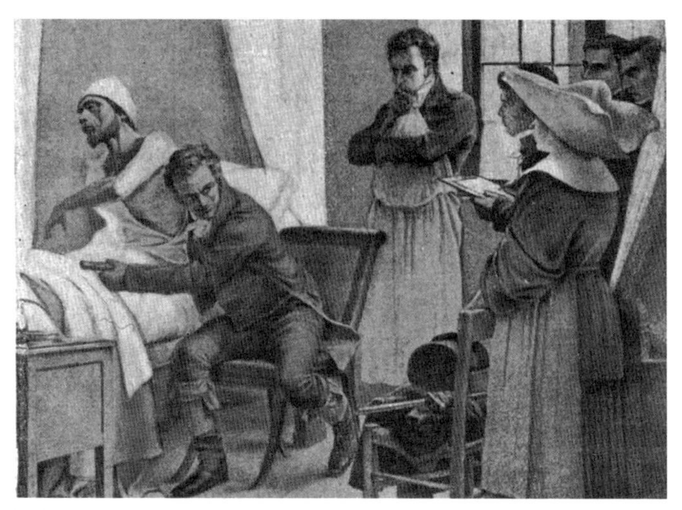

| 라에네크가 긴 원통 모양의 청진기로 환자 몸속의 소리를 듣고 있다.

당시의 의학 수준은 환자가 무슨 병을 가지고 있는지를 알아낸다고 해도 치료가 거의 불가능했으니 청진의 효과가 거의 없었다고 할 수도 있다. 그런데 라에네크는 환자들을 추적 조사해가면서 인체에서 발생하는 여러 가지 소리가 질병과 어떤 관련이 있는지를 밝히려고 노력했고, 환자가 죽은 후에는 적극적으로 가족을 설득하여 부검을 하기도 했다. 이와 같은 과정을 통해 자신이 들은 소리와 병의 상관관계를 연구하여 1819년 『간접 청진법에 대하여』라는 책을 출간했다. 첫 청진 후 불과 3년 만에 그가 저술한 이 책은 오늘날 청진기를 사용했을 때 의사들이 소리를 구분하는 방법의 대부분이 소개되어 있다고 할 수 있을 정도로 획기적이면서도 상세하다.

그는 소리를 더 잘 듣기 위해 종이 대신 나무를 이용하여 원기둥 모양의 통처럼 생긴 기구를 고안했으며, 현재처럼 양쪽 귀에 꽂아서 사용하는 청진기는 그가 죽은 후인 1851년 아일랜드 의사 아서 리어드(Arthur Leared)가 고안한 것이다. 라에네크의 발견 후 약 반세기에 걸쳐서 휘는 재료를 사용하고, 마이크를 다는 등의 개선을 통해 1870년 오늘날의 청진기와 같은 모양이 탄생했다.

청진기는 진단기구로써 유용하기도 하지만 이를 사용하면서부터 질병을 객관적으로 진단하는 일이 가능해졌다는 점에 큰 의의가 있다. 청진기 사용 이전에는 환자들이 하는 이야기를 의사가 믿는 것 외에 아무 방법이 없었지만 청진기를 사용하게 되면서 의사는 환자의 말을 그대로 믿기보다 더 객관적인 증거를 찾아내기 위해 노력을 하게 된 것이다. 이러한 태도가 200년 이상 지속되면서 오늘날과 같은 의료 기기의 발전으로 이어지게 된 것이라 할 수 있다. 요즈음은 의학이 너무 객관화하여 환자의 말보다는 검사 소견을 더 믿는 것이 문제라 할 수 있을 정도다.

감염을 예방하는 두 가지 방법

19세기 프랑스의 화학자 루이 파스퇴르는 맥주의 발효 과정에서 효모가 큰 역할을 한다는 것을 밝혀냈고, 생명체가 스스로 생겨난다는 자연발생설을 백조목 플라스크 실험을 통해 반박했다. 에드워드 제너의 천연두 백신에서 힌트를 얻어 닭콜레라, 탄저, 광견병을 예방할 수 있는 백신을 개발함으로써 질병 예방의 길을 열었다.

의사가 아니면서도 의학 발전에 누구보다도 큰 공헌을 한 그가 광견병 예방 백신 개발을 막 끝마쳤을 때의 일이다. 개에게 물린 아이의 어머니가 파스퇴르를 찾아왔다. 아이가 광견병에 걸릴 것이 염려되어 의사에게 데리고 갔더니 개에게 물린 상처 부위에 끓는 기름을 붓자고 했다는 것이다. 엄청나게 고통스러운 방법이지만 그 당시에는 흔한 치료법이기도 했다.

중세 때부터 상처 부위를 그냥 두면 다른 큰 병으로 발전할 수 있다는 사실이 알려져 있었고, 이를 방지하기 위해 상처 부위를 불에 달군 쇠로 지지거나 끓는 기름을 부었다. 온열로 살균 작용을 유도한다는 점에서 이론적인 타당성이 없는 것은 아니지만 상처 부위로 들어온 미생물이 그 자리에 머물지 않고 피 등을 통해 온몸으로 퍼져나가는 것을 감안한다면 이러한 처치 방법은 치료 효과보다 인체에 또 다른 손상을 발생시킨다는 점에서 지극히 비과학적이면서 비인간적인 방법이라 할 수 있다.

이와 같은 방법이 잘못되었음을 지적한 사람은 파스퇴르보다 400년이나 앞선 시기에 활약했던 프랑스의 외과 의사 앙브루아즈 파레였다. 그는 1536년에 프랑스 군대의 군의관으로 활약하면서 당시에 행해지던 상처 부위 처치 방법에 문제가 있음을 알게 되었다.

외과는 칼을 이용하여 인체의 특정 부위를 잘라내는 수술을 특징으로 하는 의학의 한 분야다. 사람의 몸 곳곳에는 신경과 혈관이 위치해 있으므로 칼로 몸의 일부를 자르게 되면 신경으로 전달되는 통증과, 상처 부위의 혈관을 통해 침입하는 인체에 해로운 미생물의 감염이 문제가 된다. 당시에 통증을 줄이기 위해 사용한 방법은 기분이 좋아지는 약초나 술을 이용하는 것이었고, 감염을 방지하기 위해 사용한 방법은 상처 부위를 불로 지지거나 뜨거운 기름을 붓는 것이었다. 통증 없이 수술이 가능한 마취제와 이차감염을 예방할 수 있는 무균처리법이 개발된 것은 19세기 중반의 일이었다.

파레가 활약한 16세기는 전쟁에서 총기 사용이 보편화한 시기이기도 했다. 군의관 초창기 시절 파레도 흔히 행해지던 대로 펄펄 끓는 기름에 여러 가지 약과 벌꿀을 혼합한 용액을 총상 부위에 바르곤 했다. 그러던 어느 날 재료가 다 떨어져 일부 환자에게는 임시방편으로 연고만 발라주었다. 파레는 환자들이 걱정되어 아침 일찍 환자를 보러 갔다. 그런데 놀랍게도 연고만 발라준 환자들은 상태가 좋아진 반면 기름을 부어준 환자들은 고열과 통증에 괴로워하고 있었다.

파레는 자신의 경험을 바탕으로 총상을 치료할 수 있는 더 좋은 방법에 대한 논문을 썼고, 이 내용이 알려지기 시작하면서 명성을 떨치게 되었다. 당시의 의학교육기관에서는 주로 내과만 가르쳤고, 직업상 칼을 많이 사용하던 이발사들이 외과의사 역할을 하고 있었다. 파레는 의과대학을 다니지 않고 병원에서 외과 의술을 배운 후 참전 군의관이 되었는데 훌륭한 업적을 많이 남겨서 이례적으로 대학 교수로 임명될 수 있었다. 그때부터 의과대학에서 내과와 함께 외과를 가르치는 분위기가 형성되기 시작했다.

그로부터 약 400년이 지나 개에 물린 아이와 어머니가 파스퇴르를 찾아왔을 때는 파스퇴르가 광견병 백신을 제조한 직후였다. 그러나 안정성을 확신할 수 없던 파스퇴르는 아이에게 백신을 투여하기를 주저할 수밖에 없었다. 주변 사람들은 주저하는 파스퇴르에게 "그냥 두면 어린이가 오래 살기 어려운 상황이니 백신을 사용해보라"고 권유했다. 파스퇴르는 백신이 잘못하면 아이의 죽음을 앞당길 수도 있음을 설명한 후 아이에게 투여했다. 결과는 성공적이었고, 아이는 광견병의 위험에서 벗어날 수 있었다.

예방 백신이 치료 효과를 지니는 것은 광견병을 일으키는 바이러스가 몸에 들어온 후 병이 생기기까지 긴 시간이 걸리기 때문이다. 외국 여행을 갈 때 우리나라에서는 문제가 되지 않는 전염병을 예방하기 위해 4~6주 전에 예방 접종을 받으라는 권고에서 볼 수 있듯이 백신 투여 후 효과가 제대로 나타나기까지는 몇 주의 시간이 필요하다. 광견병의 경우 신경에서 아주 가까운 곳에 물린 경우가 아니라면 심한 병으로 발전하기까지 1년 이상 걸리는 경우가 있을 정도로 진행이 느리므로 개에게 물린 후에 백신을 투여하더라도 항체를 만들어내는 백신 고유의 예방 효과가 나타나기까지는 수 주밖에 걸리지 않으므로 궁극적으로 치료 효과를 지닐 수 있을 것이라는 것이 파스퇴르의 생각이었다.

19세기에 개발되기 시작한 백신, 20세기에 개발된 항생제와 화학요법제 덕분에 인류는 감염질환의 공포에서 해방될 수 있었다.

의약계의 첫 블록버스터

독일의 3대 발명품으로 폭스바겐 자동차, 로켓, 아스피린을 들곤 한다. 대략 한 알에 100원밖에 하지 않는 저렴한 약인 아스피린은 전 세계적으로 지난 100년간 가장 많이 팔린 약으로 기록되고 있으며, 인류의 건강 유지에도 큰 역할을 한 약이라 할 수 있다.

"좋은 약이란 어떤 것인가?"라는 질문의 대답으로 가격이 싸고, 효과가 탁월하며, 부작용이 적고, 투여 방법이 용이한 것이라고 한다면 아스피린은 그 조건을 완벽히 충족시켜준다.

1897년 독일 바이엘 제약회사의 연구원 펠릭스 호프만(Felix Hoffmann)이 아세틸 살리실산을 합성해냈고, 1899년 바이엘 사에서는 이 신약을 '아스피린'이라는 이름으로 출시했다. 그런데 아스피린은 하늘에서 뚝 떨어진 새로운 약이 아니다. 이미 약효가 알려진 물질을 이용하여 어떻게 하면 효과는 더 높이고, 부작용은 더 줄일 것인지를 고민하는 가운데 얻어진 약이다.

고대인들은 버드나무 껍질에 해열 및 소염 효과가 있다는 사실을 경험으로 알고 있었다. 빻거나 즙을 내어 약으로 사용했다. 1828년에 독일의 약리학자 요한 부흐너(Johann Buchner)는 버드나무 껍질을 갈아서 약효를 가진 침전물을 얻은 후 살리실이라 명명했다. 1년 후 프랑스의 약사 앙리 르루(Henri Leroux)는 부흐너가 얻었던 것보다 더 순수 분리된 살리실을 얻었으며, 이탈리아의 화학자 라파엘 피리아(Raffaele Piria)는 1838년 살리실을 화학적으로 처리하여 살리실산을 얻었다. 약 20년이 지난 후 헤르만 콜베(Hermann Kolbe)는 살리실산을 화학적으로 합성하는 방법을 고안했고, 그의 제자 프리드리히 헤이덴(Friedrich Heyden)은 1874년에 공업적으로 대량생산이 가능하게 했다. 이때까지만 해도 살리실은 소염 또는 살균제로 주로 이용되었다.

이듬해에 스위스의 카를 부스(Carl Buss)는 살리실을 복용한 장티푸스 환자를 면밀히 관찰한 결과 해열 및 진통 효과를 지니고 있음을 발견했고, 살균 효과와는 별 관계가 없다는 것을 알게 되었다. 이때까지 해열제로는 항말라리아제로 사용되던 키니네가 유일했다. 살리실산은 키니네보다 독성이 약했으므로 점차로 키니네를 몰아내고 독보적인 해열제로 자리 잡게 되었다. 류머티즘으로 인하여 열이 발생한 환자에게도 사용 가능하다는 사실이 알려졌다.

1880년대에 염료공업 분야에서 촉망받는 회사였던 독일의 바이엘 사는 약품 개발로 사업 영역을 넓히면서 진통해열제를 개발하여 이름을 얻기 시작했다. 바이엘은 1890년에 약리연구소를 설립하면서 제약 산업에 본격적으로 투자를 시작했고, 아스피린의 발견자 호프만이 입사한 것은 1894년의 일이다. 어려서부터 약사가 되려는 포부를 지니고 있던 호프만은 뮌헨 대학에서 약학을 공부한 후 화학 박사학위를 얻었다.

호프만은 류머티즘으로 고생하던 아버지를 위해 시간을 쪼개 새로운 약을 연구했다. 그의 아버지는 살라실산을 복용하고 있었는데 살리실산은 역해서 먹기가 힘들었다. 또 위장장애 같은 부작용이 흔히 발생했다. 1897년 호프만은 살리실산에 들어 있는 나트륨염의 구조를 바꾸어 아세트산을 합성한 아세틸 살리실산을 개발한다. 다음해에 임상시험을 실시한 후 살리실산보다 부작용이 적은 것이 밝혀지자 아스피린이라는 상품명으로 시판되었다.

아스피린은 진통 효과 외에도 해열제, 소염제로 사용할 수 있다. 이것이 아스피린의 3대 효과다. 오랜 시간 아스피린은 다양한 용도로 사용되었지만 작용 기전이 알려진 것은 1970년이 되어서였다. 영국의 존 베인(John Vane)은 인체에 존재하는 프로스타글란딘이라는 물질이 여러 가지 종류가 있으며, 각각 어떤 기능을 하는지를 연구하면서 아스피린이 이 물질의 합성에 필요한 사이클로옥시지네이즈라는 효소의 기능을 억제한다는 사실을 알아냈다. 그는 이 업적으로 1982년 노벨 생리의학상을 수상했다.

그러나 이 작용 기전으로 설명될 수 없는 아스피린의 효과가 계속해서 밝혀져왔다. 아스피린을 소량 투여하면 혈관이 확장되어 혈압을 떨어뜨리고 혈액 순환이 좋아져 뇌졸중 예방에 도움이 된다. 아스피린 사용 빈도가 증가할수록 췌장암을 비롯하여 암 발생 빈도가 감소한다는 연구 결과도 있다. 심근경색 치료를 위한 심장동맥 우회술 후에 아스피린 투여시 사망률이 절반 이하로 감소하고, 합병증으로 인한 출혈 발생이 감소한다는 연구 결과도 있었다. 이외에도 아스피린은 임신을 촉진하는 효과를 지니는 등 많은 용도로 이용될 수 있으나 어린아이에게는 치명적인 라이증후군을 유발시킬 수 있어서 영국에서는 16세 이하의 아스피린 사용을 금지시키기도 했다.

탄생된 지 100년을 넘기면서 워낙 많은 양이 사용되어 의약계의 첫 블록버스터라는 별명을 가진 아스피린의 다양한 기능은 현재까지 알려진 작용기전으로 설명할 수 없는 경우도 있으므로 진리 탐구의 어려움을 실감하게 한다.

최초의 노벨 생리의학상 수상자

'세계 최초'라는 수식어는 그 자체로 권위를 지닌다. 그렇다면 세계 최초의 노벨 생리의학상 수상자는 누구일까?

정답은 독일의 에밀 베링이다. 1901년 노벨 생리의학상을 수상했다. 자신보다 뒤늦게 상을 받은 이반 파블로프(1904년), 로베르트 코흐(1905년), 일리야 메치니코프(1908년) 등에 비해 인지도는 낮지만, 노벨상 선정위원회가 고심 끝에 선정한 최초의 생리의학상 수상자로 영원히 그 이름을 남기게 되었다.

베링은 1854년 지금의 폴란드 영토인 프로이센의 한스도르프에서 태어났다. 아버지는 학교 교사였고, 베링에겐 12명의 형제자매가 있었다. 베링은 학비를 면제받을 수 있는 학교를 선택해야 했다. 이것이 1874년에 베를린의 군의학교를 지원한 이유다. 1880년에 의사면허시험에 합격하면서 군의학교를 졸업한 베링은 육군 군의관이 되어 독일의 여러 지방을 옮겨 다니게 되었다. 그의 임무는 주로 화학실험실에서 감염성 질환의 병인, 진단, 치료 방법을 연구하는 일이었으며 이런 생활은 8년 동안 계속되었다. 그가 공부했던 군의학교는 학비를 면제해준 대신 의무복무기간이 길었기 때문이다. 그는 군의관 시작과 동시에 패혈증에 관한 연구를 시작하여 요오드가 병원성 미생물로부터 방출되는 독소를 중화시키는 작용이 있다는 사실을 1882년에 발표한 것을 시작으로 각종 감염성 질환에 대한 연구를 계속했다.

1888년 전역을 한 그는 평소에 자신이 희망하던 대로 로베르트 코흐의 연구실에 자리를 얻었다. 그에게 처음 주어진 과제는 디프테리아에 대한 해결책을 찾는 일이었다. 디프테리아는 오랜 역사를 자랑하는 전염병 중의 하나로 1880년경 한 차례 대유행을 한 후 그때까지 계속해서 인류를 괴롭히고 있는 질환 중의 하나였다.

파스퇴르에 의해 미생물 병인설이 제기된 후 1800년대 후반에는 각종 질병의 원인균을 찾기 위한 연구가 광범위하게 진행되었다. 디프테리아균은 1884년 코흐의 연구소에 있던 프리드리히 뢰플러(Friedrich Loeffler)가 처음 발견했다. 그는 마비저균 발견, 구제역을 일으키는 바이러스 발견, 세균 염색에 이용되는 뢰플러 염색액 개발 등의 업적을 이룬 과학자였다. 또 프랑스에서는 에밀 루(Émile Roux)와 알렉상드르 예르생(Alexandre Yersin)이 이미 디프테리아 병원균의 여과액에 독성을 가진 물질이 포함되어 있으며 이를 실험동물에 투여하면 감염된 사람에게서 나타나는 것과 유사한 증상이 나타난다는 사실을 증명함으로써 디프테리아의 독소 분리 및 발병 기전 연구에 앞서가고 있었다. 베링은 노벨상 수상 직후 있었던 강연에서 "선배인 뢰플러와 루의 연구가 없었다면 디프테리아 혈청요법은 태어나지 않았을 것이다"라는 찬사로 그들의 업적을 기린 바 있다.

코흐의 연구실에서 디프테리아 치료법 개발이라는 연구 과제를 받은 그는 디프테리아에 항생효과를 가지는 물질을 찾아내고자 여러 가지 화학제재를 기니피그에 접종해보았으나 좋은 결과를 얻을 수 없었다. 단지 몇 마리만이 살아남았는데 요오드를 투여한 것들이었다. 살아남은 기니피그에 다시 디프테리아균을 투여하니 이번에는 디프테리아가 발생하지 않았다.

무엇이 원인이 되어 디프테리아가 발생하지 않을까? 이 문제 해결에 골몰하던 베링에게 당시 새로운 개념으로 다가오고 있던 '면역'이 실마리를 제공해주었다. 요오드 때문이 아니라 실험을 위해 먼저 투여한 균주에 의해 면역이 생겼기 때문이라는 결론이었다.

이를 바탕으로 토끼에게 디프테리아 독소를 소량 접종한 후 다시 과량의 독소를 접종하자 기대했던 대로 토끼에서는 아무 이상도 나타나지 않았다. 이와 같은 현상의 원인을 밝히기 위해 연구를 계속한 그는 소량의 독소 투여로 면역이 생긴 실험동물의 혈액 내에는 독소를 중화시키는 어떤 물질이 생성되어 있을 것이라는 가설을 세우고 이를 확인하기 위해 면역이 생긴 동물의 혈액을 채취했다. 이 혈액에서 세포(적혈구, 백혈구, 혈소판)와 혈액 응고인자를 제거한 혈청을 얻은 후 이 혈청과 디프테리아균을 혼합하여 실험동물에 투여한 결과 아무 이상이 발생하지 않았다. 반면 면역이 생기지 않은 동물로부터 채취한 혈청과 디프테리아균을 혼합하여 투여한 동물에서는 디프테리아에 의한 독작용이 확실히 나타나고 있었다. 즉 면역된 혈청 속에 독소를 중화시키는 물질이 존재하리라는 그의 가설이 들어맞은 것이다.

그는 면역이 생긴 동물의 혈청 속에 존재하는 독소를 중화하는 물질을 항독소(antitoxin)라 명명했다. 베링의 연구는 1890년 12월에 논문으로 발표되었으며, 1년 후인 1891년 성탄절 이브에 이미 디프테리아에 감염된 어린이 환자들을 대상으로 혈청요법(병에 걸린 환자로부터 채취한, 항체가 포함되어 있는 혈청을 환자에게 주사하여 치료하는 방법)을 시도하여 그 효과를 인정받았다. 이 백신이 1892년부터 널리 이용되기 시작하면서 디프테리아의 치사율이 극적으로 감소했고, 베링의 명성은 높아졌다.

베링의 면역혈청요법은 수동면역요법에 해당하는 것으로 제너와 파스퇴르가 확립한 능동면역요법에 이어 다시 한번 인류를 전염병의 고통에서 해방시킨 쾌거가 되었다.

베링이 경쟁자들을 물리치고 디프테리아 해결에서 큰 족적을 남길 수 있었던 것은 코흐가 이끄는 베를린 전염병연구소의 일원이었던 것이 큰 힘이 되었다. 당시 독일을 대표하던 베를린 전염병연구소와 프랑스의 파스퇴르 연구소는 의학 연구에 있어서 한 치의 양보도 용납할 수 없는 선의의 경쟁을 벌이고 있었다. 이 두 기관은 자존심을 걸고 의학 연구에 최선을 다하고 있었고, 베링도 그 가운데에 서 있었던 것이다. 그러므로 연구에 지원을 받는 것이 용이했고, 능력 있는 실험실 동료들의 도움을 받을 수 있었으며, 연구 진행 및 결과 발표에 이르기까지 연구소의 전폭적인 지원이 보태져 연구를 아무 어려움 없이 진행할 수 있었다. 연구소에 4년 먼저 들어온 일본인 유학생 기타자토 시바사부로(Kitasato Shibasaburō)가 있었다는 것도 큰 도움이 되었다. 1893년 도쿄 대학을 졸업한 후 코흐의 실험실에 유학을 와 있던 기타자토는 파상풍에 대한 혈청요법을 연구하던 중이었으며, 베링이 디프테리아 화학요법 연구가 여의치 않을 때 디프테리아 혈청요법을 연구하는 동기가 되었다.

그런데 무슨 이유로 베링이 자신의 스승인 코흐보다 먼저 수상의 영광을 안게 되었는지 의문을 가지지 않을 수 없다. 코흐는 당시 독일 최고의 학자였으며, 일생의 업적을 이야기하자면 베링보다 한 수 위로 보아야 마땅하다. 1905년 코흐에게 노벨상의 영광을 안겨다준 업적이 베링이 노벨상을 받기 전에 이미 발표되었다는 점을 되새겨보면 더욱 그렇다.

훌륭한 제자를 많이 두고 있던 코흐는 1890년 전후에 자신의 숙원 사업이던 결핵균 치료제 개발이 실패로 돌아감에 따라 학자로서의 인생에 일대 전환기를 맞게 되었다. 1891년에 그를 위해 설립된 베를린 전염병연구소의 소장으로 취임했으나 자신을 잘 따르던 기타자토는 1892년 귀국해버렸고, 자신과의 관계에 금이 가기 시작한 베링은 1894년에 그의 곁을 떠나 할레 대학으로 갔다. 이후 코흐와 베링은 학문적으로나 인간적으로 의견 충돌을 빚는 일이 잦아졌다.

또 코흐는 이 시기에 조강지처와 이혼하고 젊은 여배우와 결혼해 스캔들에 휩싸이게 되었다. 반면 베링은 왕실의 신임을 받고 정치가들과 가깝게 지내며 많은 후원을 받고 있었다. 따라서 1890년대 전반에는 투베르쿨린의 실패로 실의에 빠져 있었고, 후반에야 겨우 원기를 회복한 코흐에 반하여 1890년대에 할레 대학 위생학 교수, 마르부르크 대학 위생학 교수, 여러 학회의 명예회원, 추밀의사고문관의 칭호와 작위 취득 등 정치적인 행보를 계속한 베링은 최초라는 영예를 얻는 데 성공한 것이다.

내 몸의 위험을 감지하는 시스템

1908년 에를리히와 메치니코프는 면역 연구로 노벨 생리의학상을 공동 수상했다. 공동 연구인 듯한 느낌을 주지만 사실은 메치니코프가 세포 매개성 면역을 담당하는 세포의 탐식작용을 연구한 데 반해 에를리히는 항체 형성 과정에 대한 이론을 제시했다.

에를리히는 "면역반응(또는 항체 형성)에 있어서 곁사슬 이론(side-chain theory)을 확립"한 공로로 노벨상을 수상했다. 그런데 오늘날 면역학 교과서에서는 에를리히의 이름을 찾아보기 힘들다. 그의 이름을 아는 사람들에게도 노벨상 수상 업적보다는 매독 치료제 살바르산을 개발한 것이 더 유명하다.

1854년 오늘날 폴란드 영토인 프로이센의 슈토레렌에서 태어난 에를리히는 의과대학을 졸업한 후 동물조직의 염색에 관한 연구를 수행했다. 학창 시절부터 조직 염색에 사용되는 색소에 대한 관심이 컸기 때문이다. 그는 색소를 산성, 염기성, 중성으로 분류한 다음 혈액 세포 내의 과립을 염색하고 관찰하는 일을 진행했고, 이것이 훗날 혈액학과 조직학 염색 방법의 토대가 되었다.

1882년에 코흐가 결핵균을 발견하자 그는 코흐의 방법보다 개량된 염색법을 고안하여 발표했다. 이를 눈여겨본 코흐의 제안에 의해 1890년부터 코흐가 소장으로 있던 베를린 전염병 연구소에서 근무하게 되었다. 당시 코흐의 연구팀에는 인류 역사상 최고의 드림 의학 연구실이라고도 할 수 있을 만큼 쟁쟁한 연구원들이 있었다. 탄저균, 결핵균, 콜레라균을 발견하면서 한껏 주가를 올린 코흐의 연구실에는 거의 전 세계로부터 유능한 연구자들이 몰려들었고, 프랑스의 파스퇴르 연구소를 능가하려는 준비를 차곡차곡 해나가고 있었다.

당시 파스퇴르 연구소 등에서 활약하고 있던 메치니코프는 사람과 같은 고등동물에게는 병원균 같은 침입자를 잡아먹는 세포, 즉 탐식세포가 있다고 주장했다. 1884년에 그는 "나는 비록 세균의 성장을 억제하는 다른 영향을 완전히 배제할 수는 없지만 체내에 들어온 세균은 탐식세포들에 의해 파괴된다고 믿는다"라고 하며 다른 요인들을 배제하지는 않았지만 탐식작용의 중요성을 지적했다. 또 다른 면역학자 알로스 라이트(Almroth Wright)도 이를 뒷받침하는 연구 결과를 발표했다. 탐식세포에 의해 면역이 나타난다는 메치니코프의 생각은 아주 매력적이었지만 예방접종을 한 세균에 대해서만 면역이 생기는 현상을 설명하기에는 어려움이 있었다.

1896년에 새로운 국립연구소 소장으로 자리를 옮긴 에를리히는 혈청 내의 독소와 항독소를 정량할 수 있는 방법을 고안함으로써 베링이 디프테리아 혈청요법을 개발하는 데 결정적인 도움을 주었다. 그리고 이때의 연구를 토대로 1897년에 항체 생성을 위한 곁사슬설을 주장했다. 에를리히가 활약한 19세기 후반부에는 전염병에 대한 연구가 활발하여 전염성 병원체가 하나씩 밝혀지고 있었다. 눈에 보이지도 않는 작은 미생물이 인체에서 해를 일으킬 수 있는 것은 바로 그 병원체로부터 배출되는 독소에 의한 것임이 알려졌고 독소에 대한 해결책을 찾기 위한 연구도 한창 진행 중이었다. 에를리히는 정상적인 세포 표면에는 수많은 수용체가 존재하고 있고, 이 각각의 수용체는 특이한 물질과 반응하여 고유 기능을 하게 되며, 벤젠 분자가 여러 개의 원자와 결합할 수 있는 모양을 하고 있는 것과 마찬가지로 세포 표면에서 곁사슬(side-chain)처럼 튀어나간 모양을 하고 있다고 생각했다. 이 곁사슬 중에는 특정한 독소와 잘 결합하는 부분이 있으며, 평상시에는 정상적인 생리 작용을 하고 있다가 독소와 결합하게 되면 인체에 해를 미친다는 것이다.

곁사슬과 독소가 결합하면 세포는 정상 기능을 못하게 되므로 이에 대한 보상작용이 일어나 더 많은 곁사슬이 만들어지면서 곁사슬이 필요한 양보다 많아지게 된다. 필요 이상으로 만들어진 곁사슬은 세포로부터 방출되어 혈액으로 나오게 되며 이렇게 떨어져 나온 곁사슬이 독소에 대한 항독소 역할을 하게 되어 인체에 침입한 독소가 효력을 잃게 된다는 것이 그의 이론이었다. 에를리히가 생각한 항독소는 독소가 결합할 수 있는 곁사슬에서만 만들어지므로 독소에 대한 특이성을 지니게 된다. 특정의 항독소는 특정의 독소에만 결합하게 되고, 다른 독소에는 결합하지 않는 특성을 가지고 있다는 독소와 항독소의 개념은 오늘날 항원(antigen)과 항체(antibody)에 대한 이론과 거의 흡사하다고 할 수 있다.

'화학요법의 창시자'라는 별명을 가져다준 살바르산의 발견도 곁사슬 이론을 발전시켜 특정 약제는 세포의 특정 부위(수용체)에 가서 결합할 것이라는 가설에 의해 탄생된 것이므로 그의 이론은 의학 발전에 큰 공헌을 했다고 할 수 있다. 그는 약물에 대한 수용체와 독소에 대한 수용체의 개념을 별도로 생각했다.

그러나 곁사슬 이론은 이후 사실이 아닌 것으로 밝혀졌다. 현대적 개념으로 항원이란 인체 내에서 항체 생산을 유도할 수 있는 물질을 모두 가리키며, 항체는 현재까지 알려진 것만 수만 가지에 이르고 앞으로 얼마든지 많이 발견될 수 있으므로 그의 이론이 옳다면 각각의 세포는 최소한 수만 가지 이상의 수용체를 가지고 있어야 하기 때문이다.

에를리히와 메치니코프가 1908년에 공동으로 노벨 생리의학상을 수상한 것은 약간의 정치적 고려도 있었다고 생각된다. 에를리히는 항체를 어떻게 형성하는지를 설명했으니 오늘날의 면역이론으로 보자면 항체가 매개하는 특이적인 면역반응의 이론적 토대를 세운 셈이고, 메치니코프는 세포의 탐식작용을 주장했으니 오늘날의 이론으로 보자면 세포 매개성 면역을 주장한 셈이다. 그러나 당시에 이들이 남긴 업적은 정확히 검증되었다고 보기는 힘든 것이었다. 의학의 양대 산맥이면서도 그다지 사이가 좋지 않았던 파스퇴르 연구소와 코흐 연구소의 경쟁 속에서 탄생한 서로 다른 업적에 대해 동시에 최고의 상을 주었다는 점에서 아무래도 정치적 고려가 있었다는 생각을 지우기가 어렵다. 이들이 면역학으로 노벨상을 받은 최초의 인물이었지만 에를리히의 업적에 문제가 있다는 것은 그 후에 항체 형성에 대한 여러 가지 이론이 계속 쏟아져 나왔다는 점에서 쉽게 알 수가 있다.

항체가 선택적으로 만들어진다는 최초의 이론은 자연선택설(natural selection theory)이다. 이 이론은 약 100만 개의 서로 다른 항체가 적은 양으로 계속해서 만들어진다는 것이다. 항체가 항원과 결합하면 이 복합체는 항체를 생산하는 세포에 인지되어 항체 복제가 일어난다. 이 이론은 면역반응의 많은 부분을 설명할 수 있지만 세포보다는 혈청에서 면역학적 기억이 일어나야 한다는 점에서 옳은 이론이라 할 수 없다.

지시설(instructive theory)은 1954년 노벨 화학상과 1962년 노벨 평화상을 수상한 라이너스 폴링(Linus Pauling) 등이 주장했다. 이 이론은 항원에 따른 항체의 다양성을 설명하기 위하여 항원에 노출된 항체는 항원이 내리는 지시에 따라 각각의 항원에 맞는 서로 다른 모양을 한 항체를 만들어낸다는 이론이다. 이 이론에 따르면 항체를 만들 수 있는 특정 정보를 가진 분자가 존재하고 있다가 어떤 항원이 신호를 주는가에 따라 여러 가지 형태의 서로 다른 항체를 만들어낼 수 있는 것이다. 훗날 미국의 생화학자 크리스천 안핀센(Christian Anfinsen)이 항체 구조를 변성시킨 후 항원에 노출시키지 않고 다시 항체의 구조로 돌아오게 하는 실험에 성공함으로써 이 이론은 사실이 아님이 밝혀졌다.

면역학적 관용 현상을 발견하여 1960년 노벨 생리의학상을 수상한 호주의 프랭크 버넷(Frank Burnet) 등은 클론 선택설(clonal selection theory)을 주장했다. 이것은 자연선택설을 변형한 것으로 항체를 생산하는 세포마다 수백만 종류의 항체를 만들어낼 수 있는 정보를 지니고 있다가 세포 표면에 특정 항원이 노출되면 항원과 반응할 수 있는 각각의 클론이 증식하고 분화하여 특정 항체를 대량생산한다는 이론이다. 일본의 도네가와 스스무(Tonegawa Susumu)는 V유전자의 다양성과 V와 C유전자 등이 재결합하여 하나의 단백질(항체)을 만들어가는 과정을 알아냄으로써 1987년 노벨 생리의학상을 수상했다. 이로써 항체의 다양성이 설명되었을 뿐 아니라 클론 선택설을 정립하는 데 도움을 주었다.

현재는 에를리히의 곁사슬 이론이 받아들여지지 않고 있다. 하지만 보어의 양자역학 이론이 옳고, 뉴턴의 역학이 틀렸다고 해서 뉴턴을 무시할 수 없듯이 항체 형성의 곁사슬 이론은 무시할 수 없는 위력을 가져 결국에는 화학요법제의 개발로 이어지게 되었다.

에를리히는 많은 병원성 미생물이 일으키는 질병, 특히 원생동물에 의한 질병에는 혈청요법이 좋은 결과를 보여주지 않자 그 대안으로 화학요법을 떠올렸다. 젊은 시절 결핵균 염색법을 발견하여 코흐의 실험실에서 일하게 된 에를리히는 병원체를 염색하는 과정 자체가 병원체와 염료의 화학반응에 의한 것이므로 염색 과정에서 병원체에 해를 입힐 수 있는 염료를 발견할 수 있을 것이라는 생각을 가졌다. 그러나 이러한 그의 아이디어는 좋은 성과를 거두지 못했다.

화학자적인 자세를 가지고 있었던 에를리히는 독소와 항독소에서 볼 수 있는 생물학적 반응이 순수화학반응으로 연구될 수 있다고 생각했다. 그는 신체가 능동적인 방어체계를 갖고 있다는 메치니코프의 아이디어와 건강한 세포든 병든 세포든 상관없이 세포가 생명의 기본 단위라는 루돌프 피르호의 아이디어를 믿었다. 에를리히는 단순히 항독소를 사용하는 대신 화학적으로 특이성을 가진 치료제를 사용하여 질병을 치료할 수 있을 것이라는 독창적인 이론을 창안했고, 이것을 '마법의 탄환'이라고 불렀다. 그는 특정 염색약이 신체의 특정 조직에 특이하게 염색되는 것을 반복해서 관찰해왔고, 이를 통해 다른 종류의 세포들은 표면에 각기 다른 종류의 분자들을 가지고 있으며, 이것이 염색약과 특이적으로 작용한다는 논리를 가지고 있었다. 그는 각기 다른 독소가 각기 다른 종류의 세포에 작용한다는 것도 알고 있었다.

1905년 독일 의사 프리츠 샤우딘(Fritz Schaudinn)과 에리히 호프만(Erich Hoffmann)이 매독의 원인균(스피로헤타균)을 분리해낸 후 에를리히의 연구실에서는 합성된 각종 화합물을 대상으로 매독균에 대한 효과를 검사했다. 1907년에 606번째로 합성된 비소화합물인 아르스펜아민이 매독균에 감염된 토끼에게 효과를 지님을 발견했다. 에를리히는 이 약을 살바르산이라 명명했고, 계속 연구를 진행하여 더 쉽게 합성할 수 있으면서도 용해성이 높고 투여 방법이 간편한 물질을 발견하여 새로운 살바르산이라는 뜻에서 네오살바르산이라 명명했다. 이 물질은 숙주에는 해가 없이 병원체만 선택적으로 파괴할 수 있는 마법의 탄환을 찾으려던 에를리히의 목표를 충족시켜준 최초의 화학요법제다.

교과서에서 사라진 1유전자 1효소설

1958년 노벨 생리의학상은 유전자의 제어 기전을 발견한 미국의 조지 비들(George Beadle)과 에드워드 테이텀(Edward Tatam), 세균에서 유전자 재결합과 유전 물질의 구조를 발견한 조슈아 레더버그(Joshua Lederberg)에게 돌아갔다. 비들과 테이텀은 빵곰팡이(Neurospora)의 영양 문제를 연구하던 중 훗날 분자생물학의 발전에 지대한 공헌을 하게 되는 "하나의 유전자는 하나의 단백질을 생성한다"의 기초가 되는 1유전자 1효소설을 제창하였다.

그러나 1유전자 1효소설이든, 이를 확대한 1유전자 1단백질설이든 지금은 교과서에서 볼 수 없는 엉터리 업적이 되고 말았으니 진리와 거짓이 종이 한 장 차이임을 실감하게 된다. 진리와는 엄청난 거리가 있는 뉴턴의 역학이나 질량보존의 법칙이 오늘날에도 버젓이 물리학과 화학 교과서의 한 자리를 차지하고 있듯 진리와 거짓의 경계는 매우 불분명하다.

1903년 미국에서 태어난 비들은 평생 농부로 살아갈 계획을 가지고 농과대학에 진학했다. 그러나 대학원에 진학하면서 학문세계로 들어간 것이 인생을 바꿔놓았다. 1909년 미국에서 태어난 테이텀은 대학에서는 화학을, 대학원에서는 미생물학을 전공해 박사학위를 받았다. 이 둘은 1937년 스탠포드 대학에서 만나 약 8년을 함께 보낸 것이 노벨 생리의학상 공동 수상자로 선정되는 계기가 되었다.

비들이 황색초파리 눈에서 생성되는 트립토판 키뉴레닌(Tryptophan kynurenine)이라는 단백질이 색의 발현과 어떤 관계를 가지는지를 알아내고자 할 때 네덜란드에서 돌아온 테이텀이 동참했다. 당시 발전 속도가 빠르던 생화학과 유전학의 지식을 생물학 연구에 응용하는 것이 연구 진행을 용이하게 할 것이라는 생각을 가지게 되었고, 이를 위해 초파리 대신 빵곰팡이를 재료로 사용하기로 했다. 빵곰팡이는 배양하기가 용이하고, 단일세포에서 유래한 수많은 개체를 얻는 일이 아주 쉬우며, 성장속도가 빠르고, 자외선이나 방사선을 이용하여 돌연변이를 쉽게 만들 수 있었다.

비들과 테이텀은 빵곰팡이가 영양소를 이용하는 과정에서 반드시 필요한 효소가 결핍되면 제대로 성장하지 못함을 알게 되었다. 그리하여 효소 결핍과 DNA에 대한 연구를 진행하여 빵곰팡이의 각 돌연변이종에는 각각 특정한 효소가 결핍되어 있다는 증거를 찾았다. 이때는 DNA가 유전을 담당하는 물질이라는 사실조차 알려지지 않은 때였지만 이들은 특정 효소의 발현과 관련 있는 염색체 부위를 지도처럼 표시하는 작업을 진행하였고, 이를 토대로 하나의 DNA로 구성되어 있는 유전자로부터 하나의 효소가 형성된다는 1유전자 1효소설을 확립했다. 테이텀과 비들이 주장한 1유전자 1효소설은 얼마 지나지 않아서 1유전자 1단백질설로 변형되었다. 효소 한 개를 만드는 유전자 위치를 확인했고, 특정 유전자 하나는 단백질 한 가지를 생산할 수 있는 정보를 지니고 있지만 그 단백질은 효소일 수도 있고, 인슐린과 같이 효소가 아닌 다른 단백질일 수도 있다는 이야기다.

과거에는 유전자가 DNA 덩어리 중에서 단백질 한 개를 만들어낼 수 있는 정보를 지닌 부분이라 정의했다. 지금도 이와 같은 정의가 사용되지 않는 것은 아니지만 옳은 정의는 아니다. DNA 상에서 유전자를 어디에서 어디까지로 보느냐에 따라 한 개의 유전자가 두 개 이상의 단백질을 생산할 수 있는 정보를 지니는 경우가 있기 때문이다. 긴 DNA 조각이 두 개 이상으로 나누어지면서 각각 단백질을 합성하는 경우 긴 DNA 조각을 하나의 유전자로 볼 것인지, 각 조각을 하나의 유전자로 볼 것인지에 따라 유전자의 수가 달라지게 되는 것이다. 현재는 하나의 큰 조각을 유전자로 정의하므로 한 개의 유전자는 하나의 단백질을 합성하는 경우도 있지만 수많은 단백질을 합성하는 경우도 있다.

1990년대를 떠들썩하게 했던 인간 유전체 프로젝트가 공식적으로 끝난 2004년, 사람 유전체는 10만 개 정도의 유전자를 지니고 있을 것으로 예상했으나 사실은 2.2만 개 정도의 유전자만 가지고 있는 것으로 판명되었다. 이것이 바로 1유전자 1단백질설이 틀렸음을 보여주는 예다. 항체를 예로 들어 설명하자면 항체는 항원의 자극에 의해 인체에서 생성되는 단백질의 일종이고, 항원의 종류는 지구상에 적어도 10만 개는 존재할 것으로 예상되는 바 1유전자 1단백질설이 옳다면 사람은 적어도 10만 개의 유전자를 가지고 있어야 항체를 만들어낼 수 있을 것이다. 그런데 사람이 가진 유전자는 약 2.2만 개에 불과하므로 10만 개 이상의 단백질을 만들어낼 수 있다는 사실을 설명할 수 있어야 한다.

일본의 도네가와 스스무는 항체가 10만 개 이상의 다양성을 가질 수 있는 과정을 설명할 수 있는 전이설(translocation hypothesis)을 증명했다. 항체라 하는 단백질은 하나의 큰 유전자가 다양하게 조각이 나면서 여러 개의 조각이 하나로 조합되어 이루어지므로 유전자 수보다 단백질 수가 훨씬 많아질 수 있는 것이다. 따라서 한 개의 단백질은 한 개의 유전자로부터 만들어진다고 할 수는 있지만 하나의 유전자가 반드시 한 개의 단백질을 만들지는 않는 것이다. (함수에서 단백질의 수가 많고, 유전자의 수가 적은 다대일 대응을 생각하면 된다) 이에 따라 1유전자 1단백질설 대신 1단백질 1유전자설이 오늘날 진리로 여겨지게 되었다.

테이텀과 비들의 노벨상 수상 업적인 '유전자 제어 기전'은 유전자로부터 단백질이 만들어지는 과정을 가리킨다. 이들은 하나의 유전자로부터 하나의 단백질이 합성된다고 주장했지만 세월이 흐르면서 유전자의 정의가 '단백질 하나를 만들 수 있는 DNA 조각'이 아니라 '한 군에 속하는 단백질을 합성할 수 있는 DNA 조각'으로 바뀌는 바람에 결과적으로 엉터리 연구 업적이 되고 말았다.

엉터리 연구로 노벨상 수상자가 되었다고 해서 노벨상에 문제가 있다고 생각하거나 실망할 필요는 전혀 없다. 노벨 생리의학상 수상자들 중 데이터를 조작하거나 위조하여 상을 수상한 이는 한 명도 없기 때문이다. 오늘날에는 비록 엉터리라고 할 수밖에 없는 업적이지만 당시에는 그 업적이 당연한 진리로 받아들여졌고, 그것이 모두 학문 발전에 이바지하였으므로 그들의 공적을 낮게 평가할 수가 없는 것이다.

비들과 테이텀의 업적도 마찬가지다. 그로부터 10여 년 후 왓슨과 크릭에 의해 DNA가 이중나선 구조를 하고 있음이 밝혀진 후 1유전자 1단백질은 분자생물학에서 가장 중요한 '중심원리(central dogma)'가 정립되는 과정에서 중요한 이론적 바탕이 되었다. 오늘날의 진리라 할 수 있는 1단백질 1유전자설도 사실은 '유전자'라는 용어를 어떻게 정의하는가에 따라 달라질 수 있는 것이므로 과거의 정의에 의하면 굳이 비들과 테이텀의 이론이 틀렸다고도 할 수 없다.

인간과 세균 간의 전쟁

1796년 전까지, 인류가 전염병을 일으키는 병원체에 대항할 수 있는 유일한 방법은 백혈구가 침입한 병원체에 맞서 싸우는 것처럼 자신이 가지고 있는 면역기능을 이용하는 것뿐이었다. 1796년 영국의 에드워드 제너가 최초로 백신을 만들었다.

1908년 노벨 생리의학상을 수상한 파울 에를리히는 1910년에 노벨상 수상 업적보다 더 유명한 '살바르산'을 개발해 매독 치료의 길을 열었다. 그는 수많은 실험 끝에 개발해낸 이 물질에 '606호'라는 이름을 붙였는데 이는 그가 했던 실험의 회수를 뜻했다. 살바르산은 연구실에서 합성에 의해 얻은 물질이 사람에게 해를 끼치는 세균을 처치할 수 있음을 보여준 최초의 화학요법제다.

영국의 생물학자 알렉산더 플레밍은 1928년에 페니실린을 최초로 발견했다. 그는 실험을 하다가 우연히 푸른곰팡이가 포함된 배지에서 세균이 자라지 않는 현상을 발견했다. 하지만 이를 이용해서 사람에게 전염된 병원체를 치료할 생각은 하지 못했다. 플레밍의 발견에 관심을 가진 하워드 플로리(Howard Florey)와 언스트 체인(Ernst Chain)은 페니실린을 추출, 정제하는 방법을 개발했다. 이 공로로 세 사람은 1945년 노벨 생리의학상 수상자로 선정되었다.

플레밍과 비슷한 방법으로 결핵 치료제를 찾아낸 셀먼 왁스먼은 '곰팡이라는 생물체 내에서 찾아낸 물질이 세균이라는 생물체에 대항해 싸울 수 있다'는 점을 설명하면서 '항생제(antibiotics)'라는 용어를 처음 사용했다. 그는 결핵균 치료제인 스트렙토마이신을 찾아낸 공로를 인정받아 1952년 노벨 생리의학상을 수상했다.

이상과 같이 세균 감염으로부터 인간을 보호할 수 있는 약에는 화학요법제와 항생제가 있으며, 이 둘을 합쳐서 항균제라 한다.

20세기 후반 내내 항생제와 화학요법제가 계속 개발되면서 인류는 전염병으로부터 완전히 해방될 수 있을 것이라는 기대를 가지게 되었다. 세균을 잡는 항균제가 바이러스에 의한 전

	특징	예방 및 치료	주요 질병
세균	하나의 세포로 이뤄진 생물, 스스로 증식 가능	백신으로 예방, 항균제로 치료	디프테리아, 충치, 콜레라, 탄저, 한센병, 위궤양, 페스트, 폐렴, 결핵, 장티푸스
바이러스	생물과 무생물의 중간적 존재, 증식하려면 숙주가 필요	백신으로 예방, 항바이러스제로 치료	천연두, 코로나 바이러스에 의한 폐렴, 독감, 에이즈, 소아마비, 자궁경부암

염병을 해결할 수는 없었지만 바이러스에 효과를 지닐 수 있는 항바이러스제도 계속 개발되었고, 더 효과가 좋은 백신을 얻기 위한 노력도 계속되었다.

그러나 문제가 생기기 시작했다. 세균의 경우에는 항생제에 내성을 지닌 균주가 등장해 항생제가 더 이상 효과가 없는 경우가 생겨났다. 살을 파고들어가는 괴질이나 장출혈성 대장균의 하나인 O157:H7 대장균과 같이 새로운 종이 발견되고 있기도 하다. 바이러스의 경우에도 에이즈, 웨스트나일 바이러스에 의한 뇌염, 에볼라열, 조류독감, 코로나19에 의한 폐렴 등 신종 바이러스에 의한 질병이 계속 발견되고 있다. 또한 신종플루에 사용하는 타미플루의 예에서 볼 수 있듯이 항바이러스제에 내성을 가지는 바이러스도 출현하고 있다. 약제에 대한 내성과 새로운 균주의 출현은 이제 더 이상 전염병이 인류를 괴롭히지 않을 것이라던 기대를 산산조각내고 있는 중이다.

1874년에 처음 합성되고, 1939년에 재발견된 DDT는 살충 효과가 강력하여 각광을 받은 약이다. DDT의 살충 효과를 발견한 스위스의 화학자 파울 뮐러(Paul Müller)는 1948년 노벨 생리의학상을 수상했다. 전 세계에서 해충을 박멸하기 위해 DDT를 사용했으며, 세계보건기구는 말라리아를 전파하는 모기들을 박멸하기 위해 DDT를 살포했다. 그러나 얼마 후 사진 한 장이 전 세계를 깜짝 놀라게 했다. DDT 용액 속에 발을 담그고 있는 모기 사진이었다. DDT에 내성을 지닌 모기가 출현

1 소독차가 DDT를 살포하는 모습
2 일반 소비자를 겨냥한 1950년대 DDT 소독제 광고

한 것이다. 게다가 DDT는 한번 사용되면 분해되지 않으며, 체내에 계속 축적되는 신경독성 물질이라는 사실이 알려지기 시작하면서 대부분의 국가에서 사용이 금지되었다.

인간은 새로운 약을 만들어 해로운 생명체를 박멸하려 하고, 미생물은 인간이 만들어낸 약에 내성을 지니는 방향으로 진화를 하는, 물고 물리는 전쟁은 계속되고 있다. 인간과 세균이 누가 승자가 될 것인가에 대한 전쟁이 벌어지고 있다는 표현을 쓰는 학자들도 있다.

포도알균(포도상구균)은 자연계에 가장 흔한 세균의 하나로 사람의 피부나 코에 정상적으로 많이 존재하지만 균형이 무너지면 언제라도 질병을 일으킬 수 있는 세균이다. 피부에 상처가 생기면 이 균에 감염되어 상처가 곪기도 하고 때로는 인체 내부로 침입하여 뇌수막염, 골수염, 폐렴 등을 일으키기도 한다.

오래전부터 페니실린은 포도알균에 아주 효과적인 약으로 알려져 널리 이용되었으나 언젠가부터 포도알균이 종종 살아남기 시작했다. 그러자 자연계에서 페니실린에 죽는 균은 서서히 도태되고 죽지 않는 균이 선택되어 살아남기 시작했다.

지구의 주인이라 자처하는 인간들은 이를 그냥 둘 수 없다는 듯 페니실린에 내성을 지닌 포도알균을 죽일 수 있는 메티실린이라는 약을 개발했다. 인간들의 공격에서 겨우 벗어나기 시작한 포도알균은 치명타를 입고 패전 위기에 몰렸다. 그러나 포도알균은 다시 저력을 발휘하여 메티실린의 공격으로부터도 살아남을 수 있도록 성질을 바꾸어버렸다. 결과적으로 메티실린에 저항성을 지닌 포도알균(MRSA)이 태어난 것이다.

다시 인간들은 MRSA를 처치할 수 있는 약을 찾아냈으니 반코마이신이 바로 그 주인공이다. 그러자 포도알균이 힘을 내서 또 한번 성질을 변화시켰다. 반코마이신에 저항성을 지닌 포도알균(VRSA)이 등장한 것이다. 아직 VRSA가 자연계에 널리 존재하고 있지는 않지만 언제라도 MRSA를 제치고 주류로 등장할 수 있으므로 주의를 해야 한다. 가끔씩 매스컴을 통해 어떤 약으로도 처치 불가능한 '슈퍼 박테리아'라는 표현을 접할 수 있는데 VRSA가 가장 대표적이며, 포도알균 외에 장내세균 중에서도 반코마이신에 저항성을 지닌 것들이 발견되기도 했다.

위에 기술한 내용을 토대로 '그렇다면 포도알균에 감염되면 그냥 반코마이신을 사용하면 되겠네! 현재까지는 그게 가장 좋은 약이니 말이야'라고 생각하는 분들도 있을 것이다. 그러나 대한민국의 어떤 의사도 다른 약을 사용해보지 않고 반코마이신을 곧바로 처방해주지는 않는다. 혹시라도 약이 듣지 않으면 시간을 낭비하게 되니 반코마이신을 쓰는 게 좋을 것이라 생각할 수도 있지만 그것은 반코마이신 내성균주를 지구상에 퍼뜨리는 결과를 가져오게 하므로 절대적으로 피해야 할 일이다.

인간이 생각하는 것 이상으로 지구상에 존재하는 각종 생명체들, 특히 미생물의 생존 능력은 매우 뛰어나서 외부의 어떤 공격에서도 살아남을 수 있는 능력을 진화시키고 있다. 현대 의학의 수준으로 항생제 내성균주의 출현을 원천봉쇄하는 것은 불가능하다. 인간이 아무리 좋은 약을 만들어내더라도 세균은 빠져나갈 방법을 찾을 것이며, 세균을 박멸하겠다고 필요 이상의 약을 사용하는 것은 내성균 출현을 앞당길 뿐이다.

우리나라의 경우 약의 오남용이 문제가 되었으며, 2000년에 의약분업제도를 시행할 때 정부가 내건 이유도 "의약분업을 시행하면 국민들을 약물 오남용으로부터 보호할 수 있다"는 것이었다. 당시 여러 나라의 수많은 자료를 이용하여 홍보를 했지만 실제로 의약분업 시행 20년이 지난 지금 정부가 원하는 대로 되었는지 의문이다. 우리나라는 여전히 항생제를 많이 처방하는 나라 중 하나이기 때문이다. 의사 얼굴 보기가 훨씬 어려운 미국에서는 MRSA 균주가 증가하는 것이 의사들이 만약의 사고를 대비해 항생제를 필요 이상으로 처방하는 것이 원인이라는 논문이 발표되기도 했다.

약을 쓸 때는 적절한 양을 적절한 시기에 반드시 필요한 분들에게만 사용하는 것이 내성균주의 출현을 최소화할 수 있는 방법이다. 눈에 보이지도 않는 세균을 상대로 인류가 숨바꼭질하듯 물고 물리는 싸움을 하고 있는 것이 자존심이 상하는 일일 수도 있지만 그것이 바로 자연의 섭리이므로 받아들일 수밖에 없는 것이 현실이다.

4장

의사와 병원

병원의 탄생

최초의 병원을 딱 잘라 말하기란 어렵다. 현대인이 생각하는 병원과 수백 년, 수천 년 전의 사람들이 생각하는 병원은 같지 않기 때문이다. 병원을 어떻게 정의하느냐에 따라 최초의 병원도 달라질 수 있다.

인류 역사의 시작과 함께 환자도 존재했다. 그러나 질병에 대한 지식이 전무한 상태에서 사람의 힘으로 질병을 해결할 수는 없었다. 딱히 치료 방법이 없는 환자들이 신전에서 기거하며 집단생활을 한 것을 병원으로 보느냐 아니냐에 따라 병원의 역사는 달라지게 된다. 아스클레피온을 건물이라는 측면에서는 병원으로 볼 수도 있지만 언제라도 의사를 만나서 상담을 하거나 치료를 받는 곳이 아니라는 측면에서는 병원으로 보기 어렵다.

일찍이 종교가 발전한 중국과 인도에서도 신을 모시는 곳에 사람들이 모여든 것이 초기 병원의 형태를 띠었다. 인도를 여행한 중국 승려는 인도 북부 지방에서 바이샤 계급의 지도자가 병든 사람을 돌봐주는 기관이 생겨났다거나, 환자를 위해 약을 투여하고 자선을 베푸는 집을 지어놓았다는 기록을 남겼다.

기원전 6세기에 쓰여진 스리랑카의 역사서 『마하밤사』에 따르면 스리랑카의 판두카바야(Pandukabhaya) 왕은 나라 곳곳에 병원 기능을 하는 건물을 지어놓았다고 한다. 이것이 환자를 돌보는 기능을 하는 병원에 대한 최초의 문헌 기록이며, 미힌탈레 병원이 전 세계에서 가장 오래된 병원으로 여겨지고 있다.

로마에서도 테베레 섬에 아스클레피온을 건립하는 등 초기에는 신전이 병원 역할을 했다. 기독교가 공인된 뒤로는 성당이 있는 마을마다 병원이 건립되기 시작했다. 병원(hospital)이란 용어는 '손님'과 '집주인'의 뜻을 지닌 라틴어 hospes에서 유래되었다. 이는 병원이 교회에 부설된 숙박시설에서 유래했음을 보여준다.

초기 기독교 병원은 노인, 장애인, 죽은 자, 병든 자, 상처받은 자, 눈먼 자, 불구자 및 정신 이상자에게 모든 종류의 사회적 안녕을 제공하는 수용소였다. 고아, 극빈자, 방랑자와 순례자를 위한 시설이기도 했다. 이 당시 많은 병원들은 거의 병자처럼 참회복을 입고 때로는 신발이 다 낡아 떨어진 채로 고행의 긴 여정을 떠났던 순례자들의 여정을 따라 세워졌다. 낯선 지역을 여행하던 이들에게 새로운 질병이 발생했기 때문이다.

영혼의 구원을 중시했던 중세의 병원

요즈음은 큰 병원에 가면 백화점에 왔나 싶을 정도로 다양한 식당과 상점을 볼 수 있다. 유동인구가 많은 탓도 있지만, 병원도 일종의 노동집약적 산업이므로 병원이 클수록 직원도 많아서 직원들을 위한 공간이 필요하다. 이와 같은 오늘날 병원의 모습을 갖추기까지는 수백 년의 시간이 필요했다.

중세 유럽에서는 의학의 발전이 더뎠다. 병원 또한 마찬가지였다. 14세기가 되었을 때 이탈리아의 인문주의자 프란체스코 페트라르카(Francesco Petrarca)가 지나간 1,000년을 암흑기라 한 것은 십자군 전쟁을 통해 이슬람이 유럽보다 더 발전했음을 보았기 때문이다.

병원도 유럽보다 이슬람 문화권에서 먼저 발전했다. 7세기에 다마스쿠스에 중동 최초의 병원이 건립되었다. 콘스탄티노플에도 남녀를 따로 수용하고, 외과와 안과 진료를 각각 다른 진료실에서 수행하는 병원이 있었다. 8세기 바그다드에는 요양보다 치료 기능이 한층 더 발전된, 나름대로 꽤 큰 역할을 하는 병원이 생겨나 영향력을 키워갔다.

병원이 발전하려면 의사들의 실력이 향상되어야 한다. 현대의 의학교육이 일반화되기 전에는 전 세계 어디에서나 도제교육을 통해 의사가 양성되었다. 서남아시아 지역에서는 바그다드에 병원이 생긴 8세기부터 의학교가 설립되어 오늘날의 눈으로 보자면 전문성을 지닌 의사라는 직종이 대학에서 교육을 받기 시작했다. 9세기 이후에는 병원에서 일하는 의사들이 전문과목을 구분하는 일이 생겨났고, 830년에 튀니지에 설립된 알카이라완 병원에서는 대기자를 위한 공간, 예배를 드리는 곳, 목욕을 하는 곳 등이 별도로 마련되었다.

병원이 설립된 뒤로도 치료가 가능한 병은 그다지 많지 않았다. 역사적으로 사람들을 공포에 떨게 한 질병으로는 천연두, 매독, 한센병이 있다. 이 병들은 피부가 썩거나 온몸에 발진이 생기는 증상을 보였으며 간신히 살아남는다고 해도 보기 흉한 흔적을 남겼다. 이들 병에 걸린 사람들은 마을에서 쫓겨나는 경우가 많았다. 매독 환자를 격리한 격리병동이 1496년 독일 뷔르츠부르크에 들어선 것을 시작으로 여러 도시에 설립되었다. 매독보다 훨씬 크게 유행한 한센병의 경우에는 역사적으로 많은 이야깃거리를 남겼다.

한센병은 역사가 아주 오래된 질병 중 하나다. 성경에서도 '나병'에 대한 기록을 찾아볼 수 있다. "나병 환자는 옷을 찢고 머리를 풀며 윗입술을 가리고" "부정"한 사람이라고 외쳐야 했고 "진영 밖에서" "혼자" 살아야 했다. 병의 원인이 무엇인지 알지 못하는 시대였기에 이 병에 걸린 사람들은 죄를 지어 신의 벌을 받은 것으로 여겨졌다. 신체에 변형이 생기기 시작한 환자는 가족들에게서도 버림받는 처지가 될 수밖에 없었다.

그러나 하나님의 사랑을 실천하는 기독교인들에게는 환자를 돌보아야 한다는 생각이 싹트게 되었다. 그 결과로 수도원이 병원과 치료 장소의 역할을 했다. 수도원의 정원은 약초를 재배하는 곳이 되었고, 수도사가 의학 지식과 의료 제공자로서의 역할을 담당했다. 중세 수도원은 강에서 물을 끌어와 상수도로 사용한 곳도 있었고, 화장실도 잘 갖추어져 있었으므로 일반 농민들이 살고 있는 곳보다는 위생적으로 훨씬 깨끗했던 것도 병원 역할에 도움이 되었다. 하지만 종교의식의 장소로서 특성이 강했던 수도원들은 병든 몸의 치료보다는 가난한 사람의 영혼을 구원하는 것을 더 중요시했다. 그러다보니 감염질환이 더 전파되는 감염의 온상이 되기도 하였다.

침상에서 병원으로

18세기 영국에서는 병원이 많이 생겨나기 시작했다. 자신의 힘으로 생존이 어려운, 원조를 필요로 하는 가난한 이들을 위해 주정부가 설립한 병원이 대부분이었다. 당시 영국의 위생 상태가 워낙 나빴으므로 병원을 이용하는 환자들은 나쁜 위생과 부족한 식량으로부터 어느 정도 해방될 수 있었다.

병원의 수는 늘었지만 운영 상태가 호전되지는 않았다. 플로렌스 나이팅게일(Florence Nightingale)은 병원이 환자에게 해롭지 않아야 할 최소한의 요구사항도 제대로 충족시키지 못했다는 불만을 토로했다. 평범한 가정 출신의 환자들은 대기 순번에 따라 병원에 수용되었고, 19세기 초반까지는 대부분의 사회에서 그랬던 것처럼 환자들이 병원 아무 곳에서나 용변을 볼 정도였다. 병원 내에서 성행위를 하는 것이 다반사이다보니 나이팅게일이 "어떤 면에서는 전쟁터보다 못하다"는 불만을 이야기할 정도였다.

프랑스에서는 프랑스 혁명이 소수의 가진 자에게만 통용

되던 의료 혜택을 일반인들도 강하게 요구하는 계기가 되었다. 1776년의 미국 독립선언과 더불어 프랑스 혁명은 일반 시민의 생활방식의 변화를 알리는 신호탄이 되었다. 의회는 과거의 특권과 압제를 폐지하기 위해 모든 기업과 대학의 교수단에 압력을 가했다. 물론 의과대학의 교수단과 병원의 의사들도 여기에 포함되었다.

파리 병원의 첫 번째 유의한 변화는 한 병상에 단 한 명의 환자를 수용하도록 하는 것이었다. 물론 이 조치로 인하여 기존 공간에 더 작고 많은 병상을 설치함으로써 병원이 매우 혼잡해졌다. 그럼에도 불구하고 이는 국가의 보건 및 복지시설이 빈곤한 이들에게까지 확대된 변화의 시작에 해당되었다. 또 하나의 흥미로운 사실은 이런 개혁으로 인해 환자와 의사의 관계가 변화되었다는 것이다. 의사와 환자가 사회적으로 유사한 계층이란 사실이 점차 알려지게 되었고, 또한 의학 지식이 더 이상 비밀이 아니었기 때문에 환자 스스로 치료 과정에 적극적으로 참여하게 되었다. 새로운 제도 하에 병원에서 치료받는 이는 더 이상 사회의 소외계층도 아니었고 인간 폐물도 아니었다. 이제 국가가 의료 서비스를 제공해야 될 대상은 평범한 근로자들이었다.

프랑스 혁명이 가져온 두 번째 변화는 의사의 교육과 수련에 있었다. 1794년 12월 4일에 제정된 법에 따라 현재의 대학교와는 다른 형식으로 보건 관련 교육을 하는 교육기관 3개가 신설되었다.

각종 질병 증상에 대한 반응이나, 전문가의 도움을 받는 과정, 의사의 충고를 따르지 않는 행동 등은 문화적 배경에 의해 결정된다. 사라 네틀턴(Sara Nettleton)은 이 과정에서 의료인과 환자의 커뮤니케이션이 아주 중요하며, 힘과 권위를 지닌 의사와 수동적인 환자 사이에서 발생하는 일방적인 의사소통 방식을 시기별로 구분했다. 18세기는 침상의료(bedside medicine)의 시기, 19세기는 병원의료(hospital medicine)의 시기, 20세기 이후

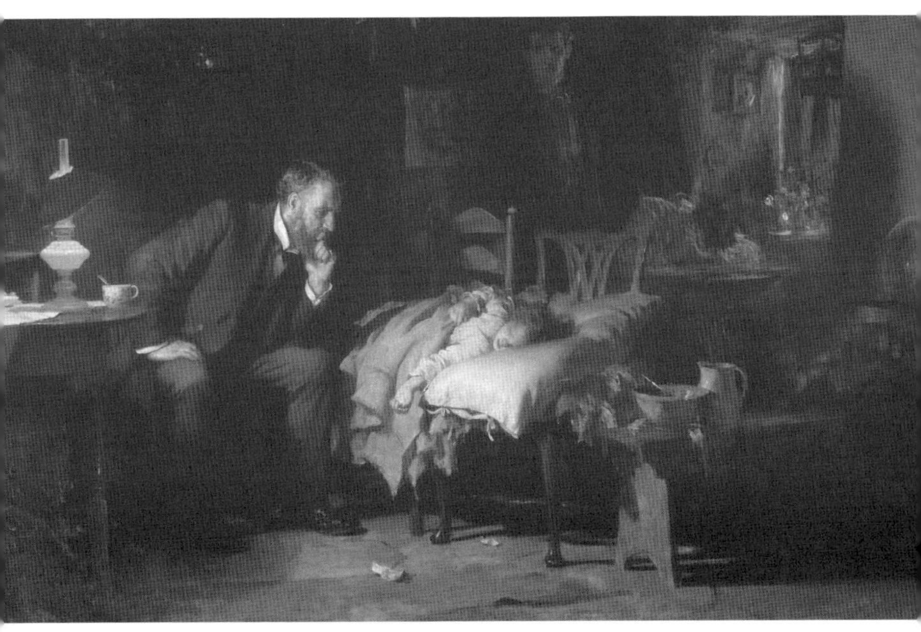

루크 필데스의 〈의사〉(1891년). 의사가 침대 옆에서 걱정스러운 표정으로 아픈 아이를 지켜보고 있다.

는 실험실 의료의 시기라는 것이다.

18세기 침상의료의 시기에 의사는 아픈 환자가 왕진을 요청하면 왕진 가방을 들고 환자 집을 찾아갔다. 의사와 환자는 긴밀한 관계를 유지했고 의사는 환자의 말에 귀를 기울이는 것이 의료행위의 기본이었다.

19세기가 되자 청진기, 복합 현미경, 혈압계, 엑스선 등 다양한 진단 기술과 의료 기기가 쏟아져 나오기 시작했다. 그러자 의사와 환자의 관계에서 의사들이 주도권을 잡기 시작했다. 진단도, 치료도 의료 기기가 있는 병원에서 시행하는 병원의료의 시기로 변모한 것이다. 또 앞서 언급했듯이 프랑스 혁명으로 인해 모든 시민에게 의료를 제공하게 됨으로써 병원이 빈민이나 사회 부랑자를 위한 수용소에서 일반 시민이 치료받는 장소로 변화하게 되었다.

임상교육이 필수인 이유

의사를 영어로 doctor라 하지만 박사도 doctor이므로 이것만으로는 의사와 박사는 구별이 되지 않는다. 그래서 의사를 medical doctor라 하고, 환자를 보는 임상의사를 별도로 clinician이라 하여 구별을 한다. 의사가 일하는 곳을 영어로 clinic이라고 한다. 우리말로 임상은 환자를 진료하거나 의학을 연구하기 위하여 환자가 입원해 있는 병상에 임하는 일을 가리킨다. 임상을 영어로는 bedside(침상 옆)라고 한다. 역사적으로는 clinic보다 bedside라는 용어가 먼저 사용되기 시작했다.

17세기 영국의 의사 토머스 시드넘(Thomas Sydenham)은 환자의 질병을 관찰하는 것의 중요성을 강조하게 된다. 그가 활약한 17세기 중후반은 해부학, 의화학 등에서 새로운 이론들이 많이 등장하면서 의사들이 약간은 갈팡질팡하던 시기였다. 이때 시드넘이 환자에게서 볼 수 있는 증상에 집중을 한 것이다. 시드넘이 보기에 의학의 기초지식에 집중하는 것은 의학 발전에 도움이 될 수는 있겠지만 병상에 누워 있는 환자에게 당장 도움이 되는 일은 아닌 것이다.

시드넘이 활약한 17세기는 전염병이 의학에서 가장 중요한 관심사였다. 그는 말라리아, 이질, 홍역, 성홍열 등을 구분했고, 때마침 페루에서 선교사들이 소개해준 말라리아 치료제 키나를 받아들여 보급하기도 했다. 유럽 국가들이 식민지 개척에 나서면서 열대성 질환인 말라리아가 골칫거리였는데 예수회 선교사들이 남아메리카에서 사용 중이던 치료법, 즉 키나 나무껍질을 끓여서 마시거나 갈아서 먹는 것이 효과가 있음이 전해졌다. 시드넘은 이 약의 효과를 이용하여 말라리아와 다른 열병을 구분했고, 각각의 치료법을 찾기 위해 노력하기도 한 학자다.

그의 생각은 네덜란드 레이던 대학의 헤르만 부르하버(Hermann Boerhaave)에게 전해졌다. 부르하버는 의학 연구로 큰 업적을 남긴 의학자는 아니지만 타인의 업적을 잘 정리하여 병상에서 어떻게 활용할 것인지에 대해 제자들에게 교육을 한 것이 임상의학을 중시한 시초를 이룬다는 평가를 받고 있다. 저서는 『의학지침』과 『진단진료 잠언』 두 권밖에 남기지 않았지만 이해하기 어려운 이론으로 가득 찬 그 시대의 일반적인 책과 다르게 간단명료하게 병상에서 환자를 어떻게 대해야 하는지, 임상의 중요성을 잘 소개해놓은 것이 여러 나라 언어로 번역되어 널리 읽힌 이유다. 오늘날 의대생이라면 누구나 교수와 함께 병동을 돌아다니며 환자를 직접 대하면서 임상실습을 하고 있는데 이 시초가 바로 부르하버로 거슬러 올라가는 것이다.

그가 유명해진 것은 의사 및 임상교사로서 훌륭한 모습을 보여주었기 때문이다. 의료는 진찰, 시험, 경험에 의해 행해져야 한다는 그의 주장은 임상이라는 용어가 의학에서 중요한 역할을 하게 했고, 환자의 침상 곁에서 환자를 대하면서 직접 공부하는 것이 의학에 도움이 되는 중요한 일임을 보여주었다.

여성 의사의 활동영역

과거에 비해 여성의 인권은 향상되고 있다. 물론 지금도 남성과 똑같은 경력을 가진 여성이 똑같은 일을 하면서도 연봉은 남성보다 적게 받는다는 기사를 자주 본다. 그럼에도 모두가 참여하는 직접민주주의를 채택했다는 고대 아테네에서 여성과 노예는 참여의 대상도 아니었던 과거와 비교하면 여성의 지위가 향상되고 있는 것만은 분명하다.

학력고사를 보던 80년대만 해도 "여학생들의 성적이 전반적으로 상승했다"는 기사가 많이 등장했다. 82년과 83년 입시에서는 일부 학교의 경우 의과대학 신입생 중 여학생이 약 25퍼센트를 차지했다. 이때 "여자 의사가 많아진다"는 우려 섞인 기사가 신문에 실리곤 했다. 모든 의대가 다 그런 것도 아니고, 여전히 남자 비율이 75퍼센트로 월등하게 높은데 왜 그런 기사가 실렸는지 이해하기 어려울 것이다. 당시 사회는 구조적으로 여성을 받아들일 준비가 되어 있지 않았는데 고등교육을 받은 여성이 많아지고 있었던 것이다.

80년대만 해도 의사의 대부분은 남성이었다. 거의 모든 분야에서 지금보다는 남성이 여성보다 우대를 받던 시절이었다. "그나마 의사 사회는 성차별이 덜하다"라고 말하는 사람들도 있었다.

그러나 사실은 그렇지 않았다. 차별이 덜하다는 건 대학 재학 중의 이야기일 뿐이었다. 의사의 수련 과정은 의과대학을 졸업하고 의사면허를 받는 데서 끝나지 않는다. 대부분의 의사는 자신이 원하는 과를 더 공부하여 전문의가 되고 싶어 한다. 전공 선택과 수련에 있어서 차별이 없어야 하지만 전공과목을 선택하는 과정에서 여성보다 남성을 선호하는 일이 공공연하게

성별 전문과목별 전문의 현황

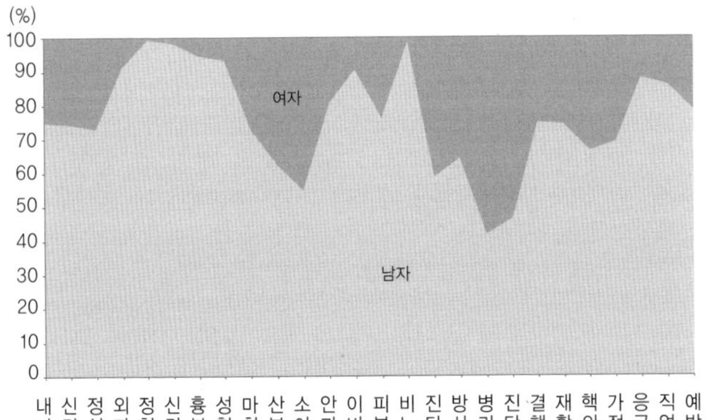

출처 : 국민건강보험공단, 건강보험심사평가원, 「건강보험통계 2018」

존재했다. 의과대학의 여학생들이 의사면허를 획득한 후 전문의가 되기 위해 전공을 결정할 때 문제가 생겼던 것이다.

오늘날에도 의사 사회에서 성차별이 있는지에 대해서는 각자 생각이 다를 수 있겠지만 과거보다 차별이 줄어든 것은 분명하다. 의사 사회에서 성차별이 줄어든 것은 사회 전반적으로 여성들의 권리가 상승되었기 때문이다. 그리고 다른 두 가지 이유가 있다.

첫째는 의료 기기의 발전이다. 수술을 주로 하는 외과 계통 과목에서 여성 전문의가 적었던 것은 그 분야 선배 의사들이 여성 의사들을 후배로 받아들이는 것을 원치 않았던 것이 중요한 이유였다. 그 이유의 한 가지는 수술용 기계가 크고 무거워서 여성들이 다루기 매우 어려웠기 때문이다. 오늘날에는 전과 비교도 할 수 없을 정도로 수술용 기구가 다루기 쉽고, 간편해져서 성별에 관계없이 누구나 쉽게 다룰 수 있게 되었다. 성을 구별할 필요가 없어졌으므로 수술을 주로 하는 과에 여성들이 많이 진출하는 계기가 되었다.

둘째는 남성 간호사의 등장이다. 응급실에 온 환자가 바닥에 쓰러져 있을 때 들어 올려 침상에 눕히는 것이 과거에는 남자 의사들의 몫이었다. 30년 전에는 남자 간호사가 희귀했다. 남성이 간호학과에 입학한 것이 뉴스에 나올 정도였다. 하지만 지금은 어렵지 않게 남자 간호사를 찾을 수 있다. 2020년 간호사 국시 합격자 가운데 14.73퍼센트는 남성이었다. 응급실에

상주하는 남자 간호사가 있으니 바닥에 누운 환자를 들어 올리기 위해 남자 의사를 불러와야 할 필요가 없어졌고, 인턴을 선발할 때 남자 인턴을 선호하는 일도 줄어들게 되었다.

의료비 지출 증가의 원인

의료비 증가 문제는 뜨거운 감자이다. 의료 기술이 끊임없이 발전하면서 질병을 해결할 수 있는 방법도 계속 발전하고 있지만 고가의 의료 기기도 늘어나고 의료비 지출이 끝을 모를 정도로 상승하고 있기 때문이다. 지구상에서 의료비 지출이 가장 높기로 유명한 자본주의의 종주국 미국은 말할 것도 없고, 다른 나라에서 모범적이라 평가하는 의료보험제도를 가지고 있는 우리나라도 물가상승률보다 훨씬 가파른 속도로 상승하고 있는 의료비 지출이 서서히 심각한 문제로 등장하고 있는 중이다.

우리나라의 경우 미국과 다르게 의료보험 가입이 선택이 아닌 필수사항이다. 내가 원해서가 아니라 강제적으로 국가에서 정해놓은 의료보험료를 지불해야 한다. 의료보험료는 꼬박꼬박 내지만 병원에 갈 일이 없을 정도로 건강하게 살아온 사람이 오래간만에 병원에 갈 일이 생겼을 때 자신이 원하는 만큼의 처치를 받으려는 생각을 가지는 건 당연한 일이다. 몸의 이상을 호소하는 데에도 불구하고 의사가 이상이 없다고 할 경우에는 국민건강보험의 적용을 받아서 다양한 검사를 받아보고 싶은 생각을 가질 수 있다.

예를 들어 운동을 하다 무릎이 삐끗하여 통증을 느낀 사람이 3일간 휴식을 취했지만 통증이 사라지지 않아서 병원을 찾아갔다고 가정하자. 다리를 여러 방향으로 돌려가면서 환자의 통증 여부를 검사한 의사는 X선 사진을 찍어보자고 한다. 그러나 병원에서 흔히 사용하는 X선 사진에서는 어떤 이상도 발견되지 않았다.

"제가 보기에는 무릎에 분명 이상이 있는데 X선 사진으로는 어떤 이상인지 정확히 알 수가 없으니 CT 촬영을 해보죠. 건강보험이 적용되니 환자 부담은 얼마 안 됩니다."

통증으로 며칠째 고생한 환자는 의사의 제안에 동의하여 CT 촬영에 응했지만 이번에도 어떤 이상도 찾을 수 없었다.

"제가 손으로 검사를 해봤을 때는 무릎에 분명 이상이 있었거든요. CT로는 정확한 진단이 어려우니 MRI로 다시 한번 촬영을 해보죠. 과거에는 보험 적용이 안 되었지만 지금은 보험 적용이 되므로 부담이 크지 않습니다."

환자의 동의로 MRI 촬영을 했으나 역시 마찬가지로 이상을 발견할 수 없었다.

"해볼 만한 검사는 모두 했는데 정확히 어떤 이상인지 알기가 어려우니 일단 집에 가셔서 안정을 취해보세요. 일주일 정도 무릎 사용을 줄이고 무릎을 꼭 움직여야 할 때는 조심하시고

요. 그래도 통증이 사라지지 않으면 일주일 후에 다시 오세요."

이 이야기를 들은 환자가 의사에게 질문을 한다.

"더 해볼 만한 검사는 없나요?"

"PET 검사라고, 양전자단층촬영 검사 방법이 있는데 주로 암을 찾는 데 쓰는 거예요. 지금 이 경우에는 꼭 필요한 검사라고 할 수는 없어요. 검사 비용이 백만 원이 넘어갈 정도로 비싼데다가 보험 적용도 되지 않아요."

"왜 PET는 보험 적용이 안 되는 건가요?"

건강보험 적용 여부는 우리나라의 경우 의사가 정하는 게 아니라 국민건강보험공단에서 결정을 한다. 건강보험료를 매년 물가 수준 이상으로 올리는 건 국민 정서상 받아들이기 힘들 거라는 생각을 가지고 있는 것인지 정부는 벌써 오랫동안 물가 수준보다 낮은 수준으로만 건강보험료를 인상해왔다. 환자에게 적용 가능한 의료 기기와 약물은 계속 늘어나고 있고, 그 원가도 상승되고 있으므로 매년 건강보험 가입자들에게 똑같은 수준의 의료를 한다고 해도 전체 의료비는 상승할 수밖에 없다. 건강보험료는 올리지 못하는 상태에서 의료 기기 사용료와 약품비는 늘어나고 있으니 국민건강보험공단의 재정은 악화될 수밖에 없다. 수명이 연장되고 있고, 생애 말기의 시점에서 의료비가 집중적으로 쓰이므로 얼마 못 가서 국민건강보험 재정이 어려워질 것은 명약관화하다.

의료는 교육, 식생활과 함께 정부가 보장해야 할 3대 복지의 하나다. 보험 재정 마련을 위해 보험료를 거두는 경우 얼마나 거두어 어느 정도를 보장할지에 대해 국민적 합의가 필요하다. 그렇지 않으면 3저(저부담, 저급여, 저수가)에 바탕을 둔 우리나라 국민건강보험은 첨단 의료 기술과 신약의 개발로 인한 의료비 상승을 감당하지 못하게 될 것이며, 이로 인해 국민의 불만은 커질 수밖에 없을 것이다.

복지사회는 경제 수준이 높아졌다고 이루어지는 것이 아니라 어떤 목표를 가지고, 어떤 방법을 선택하는 것이 가장 합리적인지를 고민하고 국민 전체가 그 선택을 공유함으로써 이루어진다.

왜 건강보험이 있는데도 실비보험이 필수적일까

우리나라 실손의료보험 가입자 수는 약 3,800만 명이다(2019년 기준). 국민 3명 중 2명이 이른바 '실비보험'에 가입한 것이다. 실손의료보험은 질병이 생겨 병원에 가게 될 경우 그 비용을 보전해주는 보험이다. 사람들이 실손의료보험을 필수적으로 가입하는 이유는 혹시라도 중병에 걸리면 빚더미에 오르기 때문이다. 국가에서 만든 공공의료보험인 국민건강보험으로는 의료비를 감당할 수 없기 때문이다.

우리나라에서는 1989년부터 전 국민을 대상으로 한 의료보험이 실시되었다. "사회보험의 하나로 수입에 따라 보험료를 치르고 질병·부상·분만 등에 의해 의료행위가 필요한 경우 치료를 받을 수 있는 제도"라는 취지를 생각한다면 평소에 국민건강보험료를 꼬박꼬박 내는 이상 병의 경중에 관계없이 아주 적은 비용만 내면 국가에서 치료를 보장하는 것이 가장 바람직한 보험제도일 것이다. 그러나 우리나라는 1977년에 의료보험제도를 처음 도입할 때부터 저비용 정책을 추구한 탓에 국민이 원하는 치료를 해줄 수 있을 만큼 충분한 보험료를 거두지 못한다.

한정된 재정으로 모든 의료 문제를 해결해줄 수는 없으니 국민들에게 치료비는 적게 들지만 흔히 발생하는 질병 위주로 보장을 해줄 것인지, 치료비가 많이 들지만 소수의 사람들에게만 발생하는 질병 위주로 보장을 해줄 것인지 선택을 해야 한다. 보험의 취지를 생각한다면 후자가 더 옳은 선택일 법도 한데 그렇게 되면 보험료를 낸 모든 사람들 중에서 혜택을 보는 사람들 수가 줄어들게 된다. 국민의 입장에서는 보험료를 내기는 했지만 언제 그 혜택을 받을 수 있는지 아득하게 느껴질 것이고, 언제 치료가 끝날지, 또는 언제 또 새로운 병이 발생할지 기약도 없는 상태에서 생돈만 빠져 나간다는 느낌을 가질 수 있게 된다.

보험료를 낸 만큼 혜택도 많다는 걸 보여주기 위함인지 정부가 선택한 보험제도는 전자였다. 그 결과 우리나라는 참으로 의료 이용이 편리한 나라가 되었다. 영국의 의료보험인 NHS(National Health Service)처럼 1차 진료가 무료는 아니지만 일반의와 전문의를 가리지 않고 마음만 먹으면 거의 아무 때나 의사를 만나 1차 진료를 받을 수 있다. 영국의 경우에는 전문의를 만나려면 보통 두 달은 기다려야 한다. 물론 지역이나 전문과목에 따라 차이는 있지만. 우리나라보다 훨씬 비싼 의료보험료를 지불하고도 병원도 마음대로 선택할 수 없고, 치료 후에 지불해야 하는 의료비도 비싼 미국과 다르게 비교적 저렴한 비용에 의료기관을 이용할 수가 있다.

그러나 이것은 대부분의 국민들이 대부분의 상황에서 경험하는 것일 뿐, 희귀 난치병이나 중병에 걸리는 경우에는 이야기가 달라진다. 텔레비전이나 라디오에서 수시로 접할 수 있는 아픈 사연을 가진 환자들 중에는 치료비를 마련하지 못했거나 이미 파산한 상태로 고생을 하고 있는 분들이 많다. 국민건강보험 가입자이지만 국민건강보험공단에서 보장해주는 것만으로는 도저히 감당이 안 될 만큼 많은 치료비를 부담해야 하기 때문이다.

동네 병원에서 1차 진료를 받을 경우를 예로 들면 국민건강보험제도는 약 10,000원으로 책정된 의료수가에서 본인이 약 3,000원을 지불하고, 국민건강보험공단에서 약 7,000원을 지불하는 구조이다. 덕분에 감기, 알레르기 비염 같은 가벼운 병은 몇천 원에 이용 가능하지만 희귀 난치병, 중병의 경우에는 건강보험 혜택을 받음에도 불구하고 워낙 치료제가 고가이다보니 환자가 부담해야 할 금액도 커져서 가정이 붕괴하고 빚더미에 오른다.

1977년에 제4차 경제개발계획에도 나와 있지 않은 의료보험제도를 정부가 갑자기 도입한 이유가 "우리는 전 국민 모두가 무료로 의료기관을 이용할 수 있다"는 북한의 주장에 자극을 받았기 때문이라는데 우리나라도 무료로 의료기관을 이용할 수 있도록 제도를 고칠 수는 없는 걸까?

세금 비싸기로 유명한 영국은 고속도로, 국립박물관, 공립학교와 함께 1차 의료기관도 무료로 이용할 수 있게 해주지만 그 이상의 의료기관을 이용하기란 매우 힘들다. 그러므로 우리 실정에는 맞지 않다. 그래서 그런지 한국의 의료 문제를 개선하기 위한 새로운 의견을 제안하는 이들 중 누구도 영국을 따라하자는 이야기는 결코 하지 않는다.

실손의료보험은 국가보험이 아닌 민간보험이고, 민간보험은 보험회사의 이익을 우선으로 하므로 보험회사의 이익과 관리비를 제외하고 환급을 받는다는 점을 감안하면 내게 돌아올 비용보다는 내야 할 비용이 훨씬 많다. 따라서 가입을 하지 않는 것이 훨씬 이익이다.

그럼에도 전 국민의 절반 이상이 실손의료보험에 가입을 했다는 것은 국민건강보험이 나를 지켜주지 못한다는 걱정이 크다는 뜻도 되고, 보험회사의 판촉 능력이 대단하다고 할 수도 있으며, 정부가 국민건강보험료를 올리는 건 참을 수 없지만 개인적으로 가입하는 것에는 관대함을 보여주는 예일 수도 있다. 이유야 어찌 되었건 실손의료보험 가입자가 이렇게 많다는 건 이미 의료보험을 국가가 아닌 민간에서 담당하는 의료보험 민영화가 현실이 되었음을 의미한다.

우리나라 실손의료보험의 가장 큰 문제점은 가입을 연장할 때마다 보험료가 크게 올라간다는 점이다. 가입조건에 따라 차이는 있지만, 실손의료보험은 가입자가 부담했던 진료비의 상당 부분을 엇비슷하게 다시 되돌려준다. 이럴 경우 가입자는 최대한의 보장을 받아야 본전을 뽑았다는 생각을 하게 된다. 가입자 입장에서는 쉽게 자주 병원을 방문하게 되고, 보험사 입장에서는 지불해야 할 금액이 점점 커지게 된다. 보험사가 망할 수는 없고, 가입조건에도 재계약시에 금액을 조정한다고 되어 있으므로 보험료는 인상되기 마련이다.

의료기관 민영화, 의료보험 공영화

2013년 영국의 전 총리였던 마거릿 대처가 사망하자 영국에서는 그녀의 행적에 대한 찬반 논쟁이 격렬했다. 그녀의 민영화 정책을 비판해왔던 사람들은 "대처의 장례식도 민영화하자"며 경쟁과 효율성에만 중점을 둔 그녀의 정책을 비꼬았다. 대처의 뒤를 이은 존 메이저 총리도 재임시에 중요한 운송수단인 철도를 민영화했다.

영국의 큰 도시에서는 다른 도시로 가는 기차가 출발하는 역이 여러 개가 있어서 어느 역에 가서 타야 하는지 혼란스런 경우가 많다. 조지 스티븐슨이 1814년에 증기 기관차와 철도 레일을 처음 만들어낸 후 철도가 놓여지기 시작하자 지주들이 자신의 땅에 기차역을 설치하고 철도를 놓았기 때문이었다. 그로부터 약 두 세기가 지나는 동안 영국에서는 목적지에 따라 출발역을 찾기 위한 수고를 쏟아야 했다. 주인이 서로 다른 수많은 철도를 통일하지 않으면 철도 이용의 효율성을 보장하기 어려웠으므로 1948년 영국 정부는 모든 철도를 국유화했다. 그러나 경제논리에 의해 민영화가 시도되었고, 1997년에 완료되었다. 그로 인해 영국의 철도요금은 그 이전과는 비교할 수 없을 빠른 속도로 인상되기 시작했다.

우리나라에서도 2013년 철도 민영화 문제가 핫이슈가 되더니 그 해 말부터 2014년 초까지 정부는 의료 민영화와 원격진료에 대한 정책을 잇달아 발표했다. 정부는 의료 민영화라는 용어를 사용했다가 얼마 지나지 않아 "지금 정부가 하고자 하는 것은 의료 민영화가 아니다"라는 표현을 쓰는가 하면 "의료 민영화와 의료보험 민영화는 다르다" 등 국민들을 혼란스럽게 하는 용어와 표현을 쏟아냈다. 당시 보건복지부 홈페이지를 뒤져봐도 의료 민영화가 무엇인가에 대한 설명이 나와 있지 않았고, 의학 관련 사전에서도 쉽게 찾기 어려운 용어인 까닭에 받아들이는 사람들이 나름대로 정의를 하다보니 혼란이 가중된 것이다.

여기서 드는 의문 한 가지. 우리나라에 있는 대부분의 병원은 공공병원이 아니라 개인이 세운 병원이다. 언제 한국에서 의료가 국영화 또는 공공화되었던 적이 있었나?

병원 소유자를 기준으로 보자면 우리나라는 오래전부터 의료 민영화가 잘 갖추어진 나라였다. 그러나 1977년에 의료보험제도를 도입하면서 정부는 손 안 대고 코를 풀듯이 사유재산에 대해 각종 통제를 가하기 시작했고, 도입 후 12년 만인 1989년에 당시까지 일본이 가지고 있던 36년이라는 세계기록을 가볍게 갈아치우며 전 국민 대상의 의료보험제도를 도입했다. 투자는 하지 않고 대한민국의 모든 의료기관을 의료보험제도의 틀 안에 넣어버렸으니 정부가 사유재산의 공공화를 이루는 데 대단한 능력을 발휘한 셈이다.

그로부터 지금까지 수가를 낮추고 적은 비용을 들이는 저비용, 저수가 정책이 유효했다. 그러나 고비용을 들여야 하는 의료 기술과 의학적 처치가 점점 많아지면서 지금까지의 정책을 고수하는 것이 어렵게 되어가고 있다. 지금까지 의료기관은 수가를 충분히 보장하지 않는 의료보험 정책에 맞서서 국민건강보험이 적용되지 않는 '비급여' 항목을 개발함으로써 경영수지를 맞춰왔다. 그러나 국민건강보험이 적용되는 급여 항목이 점점 많아지면서 비급여 항목이 줄어들었고, 일부 질병에 대해서는 환자를 많이 볼수록 병원이 손해를 보는 구조가 만들어지게 되었다. 아덴만의 영웅 석해균 선장의 치료과정에서 알려졌듯이 심한 외상으로 목숨이 오가는 환자를 살려내면 병원은 적자를 볼 수밖에 없는 구조다. 이런 내용이 알려지면서 전국적으로 정부에서 비용을 지원해주는 권역외상센터가 설립되기 시작했다.

외상 치료 외에도 병원에서 적자를 감수해야 하는 치료법이 늘어나면서 (법적으로나 윤리적으로 병원이 환자 치료를 거부할 수는 없으므로) 병원이 선택할 수 있는 방법은 특진료, 병원 안 부대시설에 대한 임대료, 입원 환자의 식비 등 환자 치료와 상관

없는 항목을 통해 수입을 올리는 것이었다. 의료의 본질은 사라지고, 경영을 위해 편법을 동원해야 하는 이와 같은 현상을 '의료의 왜곡'이라 한다.

의료 민영화를 꺼냈던 정부의 속마음을 유추해보자면 '(이미 의료 정책에 왜곡 현상이 발생했으니 바로잡기는 해야겠는데 선거도 수시로 찾아오고, 의료비 상승을 꺼려하는 국민 정서도 감안해야 하니) 의료비를 더 올려줄 수는 없고, 대신 환자를 이용하여 마음껏 장사를 하라'는 것이 아니었을까. 정부는 절대로 이런 표현을 쓰지 않겠지만 저비용, 저수가 정책이 유지된다면 의료 민영화는 이 표현에서 크게 벗어나지 못할 것이다.

현재 우리나라의 법에 따르면 의료법인은 모두 비영리법인이다. 즉 영리를 목적으로 의료법인을 설립할 수는 없으며, 의료법인이 수익을 올리면 의료시설 개선을 위한 재투자에 사용하는 건 가능하지만 투자자들에게 수익을 배분해줄 수는 없다.

그런데 의료 민영화라는 제도가 도입된다면 의료기관은 노골적으로 수입을 올리려는 정책을 펼 수 있게 된다. 수익에 별 도움이 되지 않는 방법은 멀리하고, 반드시 필요한지 아닌지 애매한 방법도 환자에게 적용함으로써 수익을 올리려 할 것이다. 예를 들어 반드시 필요한 것은 아니지만 진단의 정확성을 기한다는 명목으로 MRI나 PET 등의 비싼 사진을 찍거나 맨손으로도 가능한 수술에 로봇 수술을 권장하는 식이다.

국내 최초로 제주도에 영리병원 개설이 허용되었다가

2019년 3월 결국 무산되었다. 영리법인은 수익 추구를 목적으로 하므로 의료기관의 영리법인 설립이 허용된다면 수익을 올리기 위해 투자를 하는 의료기관이 생겨날 것이고, 이러한 의료기관은 투자자들의 이익을 보장해주기 위해 유능한 의료진보다는 수익을 올리는 능력이 뛰어난 의료진을 고용하게 될 것이다. 치료는 어렵고, 경제적 이익은 적은 외상 환자를 치료하기보다는 생명과는 별 상관이 없는 미용수술에 열중하게 되거나 환자를 잘 치료하는 평범한 의사보다는 그다지 필요 없는 검사 등을 통해 바가지를 씌우는 의사가 더 능력 있는 의사로 평가받게 될 것이다. 제도가 제대로 갖추어지지 않은 상태에서 의료법인의 영리화를 허용하는 것은 지금도 심각해져가고 있는 의료의 왜곡 현상을 심화시킬 것이다.

2011년 보건복지부가 국민건강보험 개정을 고시하면서 조기 위암 세포 제거 수술비를 대폭 조정했다. 그러자 큰 병원들에서 수술이 중단되는 일이 발생했다. 수술용 칼의 가격을 대폭 낮춘 것이 문제였다. 수술용 칼을 수입해온 회사에서 그 가격에 공급하면 회사 손실을 감당할 수 없다며 아예 공급을 중단해버린 것이다. 환자의 부담을 줄인다는 명목으로 보건복지부가 임의로 급여를 삭감하자 병원은 수술을 할 수 없고, 환자는 치료를 받지 못하는 일이 발생한 것이다. 의료 민영화보다 시급하게 해결해야 할 의료 왜곡 현상의 한 예다.

건강검진이 의무인 이유

국민건강보험공단에서 정기적으로 건강검진을 받으라는 안내문이 날아온다. 사무직은 2년에 한 번, 비사무직은 1년에 한 번 건강검진을 받아야 하며, 이를 제대로 이행하지 않으면 과태료를 내야 한다. 직장의 경우에는 직원이 건강검진을 받지 않으면 회사와 직원 모두 과태료를 내야 한다. 이렇게 법적으로 의무적으로 건강검진을 받게 하는 이유는 건강검진이 건강 유지에 중요하기 때문이다.

나는 임상의사가 아니지만 의사면허증이 있다는 이유로 건강 상담을 많이 하게 된다. 가끔 "건강검진이라고 해봐야 X선 사진 한 장 찍고 피검사, 소변검사 등 기본 검사만 하는 게 전부인데 그게 무슨 소용이 있느냐?"고 묻는 분들을 만나곤 한다. 단언할 수 있는 것은 그 정도로도 건강에 대한 많은 정보를 얻을 수 있다는 것이다.

특정 목적을 위해 개인 또는 집단을 대상으로 건강검진을 시작한 것은 19세기 유럽으로 거슬러 올라간다. 산업혁명이 일어나면서부터 사람들이 도시로 몰려들어 좁은 공간에서 함께 생활하면서 '백색 페스트'로 불리는 결핵이 폭발적으로 증가하는 등 이전과는 질병의 양상이 사뭇 달라지기 시작했다. 이때 새로운 방법을 도입해야 한다고 주장한 의사가 출현했으니 결핵 전문가로 이름을 날리던 영국의 의사 호레이스 도벨(Horace Dobell)이다. 1861년 도벨은 건강해 보이는 사람이라도 주기적인 건강검진을 받을 필요가 있다고 주장했다. 건강한 사람에게서 질병이 발생하기 전에 건강이 나빠지는 시기가 있으므로 이때 적절한 조치를 취하면 질병이 더 나빠지기 전에 해결할 수 있을 것이라는 논문을 발표했다.

1861년이라면 질병 치료법이 거의 발견되지 않았던 시기다. 멘델이 유전법칙을 발견한 것이 1865년의 일인데 1900년이 될 때까지 아무도 관심을 가지지 않은 것처럼 도벨이 건강검진의 중요성을 설파했지만 그 효과가 금세 눈에 보이지 않는 건강검진에 대해 정치권은 관심을 보이지 않았다. 1861년에는 미생물의 존재도 확실히 알려지지 않았으며, 약이라고는 거의 없었고, 무균처리법도 발견되지 않은 채 위생의 중요성만 약간 알려져 있는 시기였으니 실제로 건강검진을 한다 하더라도 건강을 유지하기 위한 방법을 찾을 수는 없는 상태였다.

멘델의 유전법칙이 재발견된 1900년에 미국의사협회의 연례 학술대회에서 조지 굴드(George Gould)가 생물학적 검사를 주기적으로 시행하자는 주장을 했다. 그가 이런 주장을 한 이유는 질병 예방이나 치료를 위한 것이 아니라 건강할 때부터 연구를 시작하는 것이 유용한 지식을 얻기에 유리하다고 생각했기 때문이었다. 이 주장이 받아들여져 미국을 비롯한 여러 나라에서 학령기 아동들에게 간헐적으로 건강검진을 실시하기 시작했다.

1895년 뢴트겐이 X선을 발견해낸 뒤로 결핵 조기 검진이 가능해졌다. 1915년에 사진과 객담 검사로 결핵 검진을 시작했고, 1918년에는 암 검진도 시행되었다. 비록 1918년에는 암에 대한 지식이 거의 없었으므로 그 효용성에 대해서는 의문의 여지가 있었다.

전 국민에게 건강검진이 일반화한 것은 의료보험제도의 도입과 관계가 있다. 우리나라의 경우 1977년 의료보험제도가 처음 시행되었다. 저소득층, 500명 이상 사업장을 대상으로 의료보험이 실시되었다. 1989년에는 전 국민을 대상으로 의료보험이 실시되었다.

보험료를 거두고 집행하는 국민건강보험공단에서 무료로 건강검진을 받게 해주는 것은 건강검진을 통해 인체에 발생하는 이상을 조기에 발견하여 해결하는 것이 건강보험 재정을 튼튼히 하는 것은 물론 국민들의 건강을 관리하는 데에도 도움이 되기 때문이다. 건강검진이 인체에 발생한 모든 이상을 찾아낼 수 있게 해주는 것은 아니지만 건강 유지를 위해서는 정기적으로 건강검진을 받는 것이 무엇보다 중요하다.

5장

의학의 미래

인문학을 가미한 의학

의학에서 인문학이 점점 중요해지고 있다. 의학은 과학적 연구방법을 이용하여 크게 발전한 학문이자 사람을 대상으로 하는 만큼 인문학적 소양이 필요한 학문이기 때문이다.

의학에서 의료윤리가 중요해진 것은 제2차 세계대전 후다. 1910년 플렉스너가 미국의 의학교육을 조사한 보고서를 제출하면서 제안한 교육과정이 채택되고, 이것이 전 세계로 퍼져나가서 오늘날 의학교육의 기본을 이룰 때만 해도 의료윤리는 의학교육과정에 포함되지 않았다. 그러나 제2차 세계대전 후 독일군의 전범 재판이 벌어지면서 의료윤리가 중요한 문제로 대두되기 시작했다. 뉘른베르크 재판 이후에 진행된 뉘른베르크 후속재판 때 23명의 피고인 중 20명이 의사였다. 이들은 전쟁 포로와 민간인을 대상으로 생체실험을 자행했으며 의학 연구라는 핑계로 잔혹하게 고문하고 살인했다. 장애인, 유대인 등을 독가스, 약물이나 병원성 세균을 주입하여 대량학살하기도 했다. 이들은 의학 발전을 위해 포로들을 대상으로 실험을 한게 왜 잘못이냐며 항변을 했다.

1947년 판사들은 판결을 내리면서 사람을 대상으로 의학 실험을 할 때 반드시 지켜야 할 10가지 기본 원칙을 발표했다. 이를 뉘른베르크 강령이라고 한다. 반드시 피실험자의 자발적인 동의를 얻어야 하며, 불필요한 신체적·정신적 고통과 부상을 피할 수 있도록 설계되어야 하고, 피실험자가 언제든 실험을 중단할 수 있어야 한다는 내용을 담고 있다.

한편 이시이 시로가 이끈 관동 주재 일본군 731부대는 포로를 대상으로 독일 못지않게 비윤리적인 실험을 했으나 미군에게 모든 실험 자료를 넘기는 조건으로 전범 재판에 회부되지 않는 면죄부를 받았다.

1964년 핀란드 헬싱키에서 열린 세계의사협회 총회에서는 헬싱키 선언이 채택되었다. 헬싱키 선언은 의사들이 직접 만든 의료윤리 지침이다. 1979년에는 미국 국가특별위원회에서 피실험자 보호를 위한 윤리 원칙과 지침이 담긴 벨몬트 보고서를 발표했다. 이 보고서는 같은 해에 톰 비첨(Tom Beauchamp)과 제임스 칠드레스(James Childress)가 쓴『의료윤리의 원리(Principles of biomedical ethics)』에서 가장 기본이 되는 4원칙인 자율성 존중의 원칙, 악행 금지의 원칙, 선행의 원칙, 정의의 원칙과 유사한 내용을 담고 있다.

이와 같이 의료윤리에 대한 기준이 점점 강화되는 동안 미국에서는 의료 혜택의 사각지대에 놓인 사람들을 위한 의료

제도가 마련되었다. 사회보장세를 20년 이상 납부한 65세 이상 노인에게 연방 정부가 의료비의 50퍼센트를 지원하는 '메디케어'와 65세 미만의 저소득층과 장애인을 위한 '메디케이드'가 그 제도로 1965년에 시작되었다. 소외된 국민을 위한 제도를 마련한 것까지는 좋으나 누가 신청할 것인가가 문제였다. 각자 알아서 신청하도록 하면 혜택을 못 받는 이들이 생길 수 있으므로 미국 정부는 진료를 담당한 의사가 신청을 하게 했다. 이때 의사들이 허위로 신청을 하면 곤란하므로 정부는 의학 교육과정에서 윤리 교육을 강화했다.

의학이 발전하면서 과거에는 예상치 못한 복잡한 의료 상황의 발생 가능성이 높아져 의료윤리가 갈수록 중요성을 더해 가고 있기도 하다. 일반적으로 살아 있는지, 죽었는지를 판가름하는 기준은 폐가 숨을 쉬고 있느냐와 심장이 뛰고 있느냐다. 숨을 쉴 때 들어온 산소가 적혈구의 헤모글로빈에 결합하여 심장으로 운반된 후 심장박동에 의해 온몸으로 전달될 수만 있다면 세포는 필요로 하는 산소를 공급받음으로써 죽지 않고 살아 있는 것이다. 어떤 이유에서든 심장과 폐가 기능을 하지 않으면 인체는 살아 있지 못한 상태가 되며, 이때 생명을 되살리기 위해 가장 먼저 해야 할 일은 심장과 폐가 다시 제 기능을 할 수 있도록 하는 심폐소생술이다.

병으로 심장이나 폐가 제대로 기능하지 못할 경우 치료할 시간을 벌기 위해 인공심장박동기나 인공호흡기를 사용할 수 있다. 예를 들어 폐에 염증이 심하여 폐 기능이 떨어질 경우 염증을 치료하는 시간 동안 인체에 부족해질 산소를 보충해주기 위해 인공호흡기를 부착하는 것이다. 그러면 인체는 현재의 능력 이상으로 숨을 쉴 수 있게 되어 몸에서 필요로 하는 산소를 공급하는 데 문제가 없어진다. 기계에 숨 쉬는 일을 맡겨 놓고 염증의 원인을 치료한 다음 인공호흡기를 제거하면 되는 것이다. 여기까지는 아주 바람직한 일이지만 인공호흡기를 부착한 후 아무리 치료를 해도 병이 낫지 않는다면 큰 문제가 된다. 생명을 포기해야 할 순간에 인공호흡기 제거 여부를 결정하는 것은 누가 해야 할 일인가? 의학 수준이 높아질수록 윤리적으로 어떤 방법이 합리적인가에 대한 의문은 점점 더 많이 생겨나고 있다.

질병 형태의 변화가 의사와 환자 관계의 변화를 요구하고 있기도 하다. 전염병이 사라지고 대사성 질환이 인류를 습격하기 시작한 것이다. 전염병은 병원성 미생물의 침입에 의해 급격히 일어나지만 대사성 질환은 바람직하지 못한 생활습관에 의해 장기간에 걸쳐 서서히 발생한다. 급성인 전염병은 그 병원체를 제거하는 약을 통해 빠른 시간에 치료를 할 수 있지만 만성인 대사성 질환은 약을 사용한다 해도 치료에 오랜 시간이 걸리거나 평생 약을 복용해야 하는 경우가 많다. 생활습관을 바꾸지 않는 한 완치도 불가능하다. 의사 입장에서는 '약을 꼬박꼬박 제 시간에 복용하고, 운동을 하는 습관을 들이고, 균형 잡힌 식사를 하라'고 하지만 우리를 둘러싼 환경 자체가 대사성 질환을 쉽게 일으킬 수 있게 바뀌었기 때문에 엄청난 노력을 해야만 한다. 식사 후에 달콤한 디저트를 먹고, 엘리베이터나 에스컬레이터를 애용하고, 주차할 때 조금이라도 입구와 가까운 곳에 주차하려는 모습을 떠올려보면 쉽게 이해가 갈 것이다.

의사의 과학적 처방은 환자나 일반인들의 생활습관을 바꾸기에 부족하다. 의사는 환자나 보호자와 신뢰관계를 형성해야 한다. 이제 의사에게는 과학적 지식과 의료 기기를 다루는 기술뿐 아니라 환자와 진정으로 소통하는 능력이 필요하다.

사람은 공장에서 찍어낸 똑같은 물건이 아니라 자신이 속한 사회의 문화, 관습 등의 영향을 주고받으며 존재하므로 개인차가 있을 수밖에 없다. 성인 백인 남성에 맞춘 표준화된 의학을 적용할 것이 아니라 개인마다의 특성을 감안해야 더 좋은 치료 효과를 거둘 수 있다.

원격진료의 시대

금융인으로 30년의 세월을 보낸 L 씨는 은퇴 후 대도시 변두리 지역에서 한적한 생활을 하고 있다. 은퇴 후 연금으로 생활하는 까닭에 넉넉하지도 부족하지도 않은 상태에서 큰 어려움 없이 보내던 중 2년 전 고혈압 진단을 받았다. 정기적으로 혈압을 체크하고 약을 복용하는 건 별 어려움이 없는데 정기적으로 병원에 가는 일이 번거롭다. 의사를 만나도 간단한 진찰 후 약 처방을 다시 받는 것 외에는 특별히 하는 일이 없는 듯하다. L 씨는 집에서 모니터를 통해 의사에게 진료를 받으면 훨씬 편할 거라는 생각을 하고 있다.

세상 모든 일이 마찬가지지만 의학도 최근 수십 년간 눈부신 발전을 했다. 글리벡, 비아그라, 가다실, 앤지오스태틴 등 소위 블록버스터라 불릴 만한 신약이 쏟아져 나오고 있고, 다빈치와 같이 수술을 위한 로봇이 미세한 부위를 수술 가능하게 해주었다. X선, CT, MRI, PET 등으로 발전한 영상술은 이제 3차원 입체는 물론 기능까지 볼 수 있는 4차원 영상시대에 접어들고 있다. 자신이 직접 혈당을 체크할 수 있는 휴대전화가 등장하는가 하면 팔을 끼우기만 하면 자동으로 혈압을 잴 수 있으니 혈압을 재기 위해 다른 사람이 혈압계에 힘을 줘야 하는 일은 과거의 일이 되어버렸다.

미국의 심장내과 의사 에릭 토플은 『청진기가 사라진다』 [원제는 의학의 창조적 파괴(The Creative Destruction of Medicine)]에서 자신이 청진기를 많이 사용하는 심장내과 의사지만 멀지 않은 장래에 청진기를 더 이상 사용하지 않게 될 거라는 주장을 했다. 청진기를 대신할 수 있는 더 훌륭한 기계가 조만간 개발됨으로써 청진기의 역할을 대신하게 될 것이라는 것이 그의 주장이다.

기계가 의사를 대신할 수 있을까? 불과 20년 전만 해도 감히 이런 생각을 하기는 쉽지 않았다. 의학이란 사람과 사람이 만나 손길을 주고받는 것을 기본으로 하는 분야이기 때문이다. 병원에 갔는데 인간 의사 대신 인간과 아주 유사하게 생긴 인공지능 로봇에게 진찰을 받는 것을 자연스럽게 생각할 날이 올까?

그런데 이미 IBM에서 개발한 슈퍼컴퓨터의 하나로, 멀지 않은 미래에 실제로 환자를 진료할 수 있는 능력을 지닌 기계인 왓슨이 우리나라 의료계에 전방위적으로 진출하고 있는 중이다. 『제2의 기계 시대(The Second Machine Age)』의 공저자인 앤드루 맥아피는 조만간 이 기계가 세상에서 의학적 진단을 가장 잘하는 기계가 될 것이라 예상하고 있다. 한 명의 의사가 아무리 공부를 열심히 하고, 잘한다 해도 컴퓨터의 용량을 따라갈 수는 없다. 체스 세계 챔피언과 자웅을 겨루는 컴퓨터를 보고 있노라면 컴퓨터도 생각을 하고 판단을 한다는 느낌을 주기에 충분하다. 사람의 뇌도 이미 들어온 정보를 이용하여 결정을 내리는데 입력된 자료를 이용하여 다음에 할 일을 결정하는 컴퓨터의 과정은 사람의 뇌가 기능을 하는 것과 점점 비슷해져가고 있다.

의사를 대신할 수 있는 인공지능 의사가 등장하고 있는 중이니 의사가 환자를 직접 대면하지 않고 먼 거리에서 진료를 하는 원격진료는 얼마든지 가능한 현실이 되었다. 2014년 정부는 의사와 환자들 사이의 원격의료를 허용하겠다는 발표를 함으로써 의료 민영화와 함께 의료계의 핫이슈로 등장시킨 바 있다. 위에서 L 씨의 예를 들기도 했지만 고령자들 위주로 인구가 분포되어 있고, 의사와 병원에 대한 접근성이 떨어지는 지역에서 원격의료를 시행한다면 단순진료를 받기 위해 병원까지 가는 불편을 줄일 수 있을 것이다.

그러나 대한의사협회는 원격의료에 대해 반대 의견을 내놓았다. 같은 해 3월에는 동네 의원의 파업 여부를 묻는 찬반 투표를 실시하기도 했다. 의료계가 원격의료에 대해 반대를 하는 이유는 의사가 환자를 직접 대하지 않고 진료를 할 경우 의료 사고의 위험이 증가할 수 있고, 그 책임 소재가 불분명하다는 것이 가장 큰 이유다. 의사가 진료에 최선을 다할 수 없는 환경을 만들어놓고 의사에게 책임을 지라는 것은 의사 입장에서는 받아들이기 힘든 내용이다. 또 환자들이 대학 병원 등 큰 병원으로 몰릴 가능성이 더 커진다. 동네 병원에서도 충분히 진료가 가능한 가벼운 병을 가진 이들도 원격진료가 되면 이왕이면 큰 병원에서 진료를 받고 싶어 할 것이다. 그러면 동네 병원들은 몰락할 가능성이 크다. 대학 병원들은 중증 환자들을 봐야 할 시간에 경증 환자들을 진료하는 데 급급할 가능성이 높다. 의료의 전체적인 질이 떨어질 가능성이 있는 것이다. 이에 대해 정부는 원격의료를 전면 실시하는 것이 아니라 고혈압 · 당뇨병과 같은 만성질환자, 노인 · 장애인, 도서 벽지 거주 주민, 수술 후 퇴원하여 관리가 필요한 재택 환자 등을 대상으로 제한하겠다는 의사를 표명한 바 있다.

어떻게 보면 원격의료는 이미 시작되었다고 볼 수도 있다. 미래에 의학의 역사가 쓰여진다면 최초의 원격의료는 내시경 수술이라고 기록될 것이다. 진단 방법 중 가장 대표적이면서 확실한 방법이라 할 수 있는 시진(視診)이 발전하는 과정에서 작은 카메라를 장착시킨 기구를 인체 내부로 투입하며 인체를 들여다보는 내시경이 개발되자 위에 발생한 이상을 발견하는 일이 아주 용이해졌다. 입을 통해 식도를 통과하여 위로 들어간 카메라가 마치 사람이 직접 위에 침입하여 관찰하는 것처럼 생생한 영상을 전해주었기 때문이다. 혹시라도 암 세포가 발견될 경우 배를 열고 위를 잘라내기보다는 카메라 옆에 칼을 부착하여 그 칼로 암 세포를 잘라내야겠다는 아이디어가 떠올랐고, 이를 이용하여 조기 위암을 치료하는 일이 과거와는 비교도 안 될 정도로 편해졌다. 역사적으로 의학을 내과와 외과로 구분할 때 내과는 약을 복용하여 인체 내부에서 이상을 바로잡는 과목, 외과는 인체 외부에서 칼을 이용하여 절개 또는 절단을 하는 과목으로 구분했으나 내시경 수술법의 개발로 인해 내과에서도 칼을 이용한 수술을 할 수 있게 되었고, 이것이 짧은 거리이기는 하지만 원격의료의 시작이었다. 미국에서는 약국이 포함된 큰 편의점이라 할 수 있는 CVS에서 인공지능 의사와 상담을 하다가 문제가 발견되는 경우 전화로 직접 의료 상담을 받을 수 있는, 일종의 원격진료가 시도되고 있다. 다른 회사에서도 이와 유사한 제도를 마련하는 경우가 늘고 있다.

원격의료라는 용어가 사용될 때마다 함께 튀어나오는 U-health란 유비쿼터스(ubiquitous, 도처에 존재하는) 헬스를 가리킨다. 발달된 정보기술을 이용하여 공간적 제약을 받지 않고 의료 행위를 하거나 의료 혜택을 받을 수 있게 하겠다는 것이다. 이제는 일반인들에게도 익숙한 로봇 수술은 사람 대신 로봇이 수술을 진행한다는 것이 아니라 IT 기술로 무장된 로봇을 이용하여 사람이 하기 어려운 미세한 수술을 대신하게 하는 것이다. 사람 손의 움직임은 감정과 같은 정신상태의 영향을 받으므로 아주 미세한 수술을 하기에 적합하지 않지만 IT 기술이 장착된 로봇은 요구사항을 잘 입력시켜놓기만 하면 사람의 손이 닿기 어려운 위치에 접근이 가능하다.

로봇 수술은 의사와 기계(로봇)가 멀리 떨어져 있어도 시행할 수가 있다. 대서양을 사이에 두고 미국에 있는 의사가 유럽에 있는 환자를 수술할 수도 있으므로 이제 의료 행위에 있어서 공간은 아무 제약이 되지 않는 시대로 접어들고 있는 것이다. 단지 의사와 기계의 거리로 인해 출혈과 같은 돌발 상황 발생시 대처능력이 떨어질 것이라는 우려가 해소된 후의 이야기지만 말이다.

새로운 제도가 도입될 때 흔히 그러하듯이 원격의료에는 아직 해결되지 못한 문제가 있다. 그러나 분명한 것은 원격의료가 대세의 흐름 속에 있다는 점이다. 원격의료의 반대 이유를 해결하고 시행하는 것은 시대의 흐름에 해당하는 것이며, 조만간 마주치게 될 미래를 대비하기 위해서 반드시 필요한 일이기도 하다.

맞춤 의학

P 씨 부부가 살고 있는 실버타운은 아파트 형태의 모양을 하고 있다. 일반적인 실버타운과 다른 점이라면 허리에 이상이 있는 P 씨가 혹시라도 집에 혼자 있다가 쓰러질 경우 곧 사람을 부를 수 있게 집 곳곳에 초인종이 설치되어 있다는 것이다. P 씨의 집을 방문한 친구 C 씨는 "지금 세상이 어떤 세상인데 초인종을 사용하느냐? 이제는 휴대전화에 단축번호를 입력해서 필요할 때 도와줄 사람을 불러야지"라고 했다. "초인종은 과거에 설치된 걸 떼어내지 않은 것일 뿐 이미 그렇게 하고 있다"며 대답하는 P 씨의 얼굴에는 미소가 감돈다. 지난달에 잠시 중심을 잃고 넘어졌을 때는 휴대전화로 사람을 불렀고, 얼른 쫓아온 관리인은 간단한 응급처치 후 병원까지 동행하기도 했다. 병원으로 가는 길에 그 관리자는 이미 병원의 의사와 통화를 하여 상황을 알렸고, 의사는 P 씨에게 안심하고 오시라며 위로를 해주었다. 이것은 미래의 상황이 아니라 현재의 상황이다.

IT는 세상을 무섭게 바꾸어놓고 있다. 응급환자가 발생하여 구급차를 부르는 경우 환자가 있는 곳으로 달려오는 구급차 안에서 그 환자에 대한 정보를 볼 수 있게 될 것이며, 환자를 구급차에 실은 직후 환자 상태를 파악하여 정보를 전송하면 응급처치를 담당할 의사는 미리 치료 방침을 확정해놓고 응급실에서 준비를 하고 기다리다가 환자가 도착하면 신속히 치료에 임하여 생존율을 크게 향상시킬 수 있을 것이다. 이것은 지금도 마음먹고 준비만 한다면 가능한 일이기도 하다.

우리나라에서 매년 봄에 개최되는 국제의료기기·병원설비전시회(KIMES)에서는 수많은 의료 기기가 새로 등장하고 있고, 세계적 기업과는 규모 면에서 거리가 있는 우리나라의 의료기기 생산업체들도 세계 시장에 수많은 의료 기기를 수출하고 있다. 정부도 의료 기기 산업을 21세기 핵심 산업으로 생각하고 있으며, 대기업들도 의료 기기 산업에 관심을 가지고 있다. 미래의 의료 기기는 세상을 어떻게 바꾸어놓을까?

20세기 후반부터 만성병의 시대가 도래했다. 이제는 만성질환자라면 자신의 집이나 자동차 안에 진단과 응급처치를 위한 기계를 설치해놓는 경우가 늘어나고 있다. 혈압이나 혈당 측정은 기계만 있다면 누구나 할 수 있는 손쉬운 일이 되었고, 비용과 공간 문제만 해결할 수 있다면 웬만한 의료 정보는 의료진이 부재한 상태에서 직접 또는 다른 이의 도움을 받아 얻을 수 있는 시대로 바뀌어가고 있는 중이다. 개인정보 유출을 우려하여 아직은 쉬운 일이 아니지만 기술적으로는 아무 문제가 없는 상태다. 전 세계 어느 나라의 의사면허도 부여받은 적 없지만 IBM이 개발한 왓슨은 이 세상에 존재하는 어떤 한 명의 의사보다도 환자가 가진 질병에 대해 진단명을 결정하는 능력이 뛰어나며, 각종 의료용 기계는 의사보다 빠른 속도로 의학 지식을 습득하고 의료 기술을 함양하여 불과 수년 사이에 인공지능 의사에 대해 실력을 의심하는 일은 사라지고 어떻게 활용할 것인지에 대한 논의가 진행 중이다.

기계가 사람을 깨우고, 그날 해야 할 일을 알려주며, 효과적이지 못한 행동을 하면 바로잡을 수 있게 지적해주고, 목적지로 가는 대중교통을 알려주는 것은 물론이고 교통상황을 파악하여 몇 분 후에 도착할 것인지, 평소에 이용하는 방법보다 더 편리한 방법은 무엇인지 휴대전화를 통해 알려주는 시대다. 아무리 공부를 해도 머릿속에 들어가기 어려운 내용을 대신 기억해주고 활용법까지 알려주고 있으니 이제 IT가 없는 세상에서 산다는 것은 원시시대로 돌아가라고 하는 것이나 다름없는 일이 되었다. 병원에서 전기가 끊기면 수술용 기계가 작동하지 못하여 수술대 위의 환자가 위태로운 상태에 놓이는 것은 과거의 일이 되었다. 이제는 전기가 끊기면 그 환자에 대한 모든 정보가 순간적으로 사라지게 되어 어떻게 손을 써야 할지 모를 상황에 빠질 수 있으므로 전력을 유지하는 것이 중요한 일이 되었다.

20세기 후반 이후 먹을 것은 풍부해지고 활동은 감소한 것이 만성 대사성 질환이 증가된 이유다. 이를 해결하기 위해 의도적으로라도 운동을 해야 할 필요성이 생겼고, 최소한의 건강을 유지하기 위해 하루에 만보를 걷는 게 중요하다는 주장이 제기되었다. 이후로 허리띠에 만보계를 차고 다니는 일이 유행처럼 번진 것이 얼마 되지 않은 듯한데 어느새 과거의 일이 되어버렸다. 삼성 기어, 애플 워치 등 손목에 차는 것으로 만보계의 기능은 물론 혈압, 심전도 측정 등 다양한 정보를 얻을 수 있는, 편리한 기계가 개발되었기 때문이다.

경제전문가인 앤디 케슬러는 『의사가 사라진다』에서 "의료기계가 발전하면서 한 명의 의사가 환자를 돌볼 수 있는 능력이 크게 증가될 것이므로 지금과 같은 수의 의사가 필요한 것은 아니"라고 주장했다. 적당한 의료 기기를 집에 설치하면 병원에서 하는 일을 상당수 담당할 수 있으므로 멀지 않은 장래에 병원과 병상 수도 줄어들 것이라 예상했다. 지금도 병원에서 특별한 처치를 하지 않는 환자가 입원만 하고 있는 것은 병원의 수익에 도움이 되지 않으므로 미래에는 가정에 설치된 모니터를 통해 환자의 상태를 파악하는 것도 의료의 모습이 될 것이다.

빅데이터를 이용하여 현재는 인식하지 못하고 있는 환자나 의료 이용의 특성을 파악할 수 있다면 그에 따라 미래 의료의 모습도 달라질 것이다. 지금까지는 생명공학기술의 영역에서 맞춤의학, 개인의학을 다루고 있지만 IT가 더 발전하여 디지털 헬스케어가 현실이 되면 이를 이용한 맞춤의학, 개인의학도 실현 가능해질 것이다.

현실이 된 유전자 치료

유전자는 단백질을 합성할 수 있는 정보를 지니고 있는 DNA 조각을 말한다. 서로 다른 두 DNA로부터 조각을 얻은 후 이를 합쳐서 새로운 DNA 덩어리를 만들었을 때 이 DNA 덩어리가 단백질을 합성할 수 있는 능력을 지닌 유전자에 해당한다면 이 세상에 존재하지 않는 단백질을 만들어낼 수 있을 것이다. 이와 같이 유전자가 재조합에 의해 완전히 새로운 유전자를 형성하고, 단백질을 합성하게 하는 과정을 유전자 재조합(또는 유전자 조작)이라 한다. 서로 떨어져 있는 DNA를 결합시키는 효소는 1960년대에 미국의 생화학자 하르 고빈드 코라나(Har Gobind Khorana, 유전암호를 해독한 공로로 1968년 노벨 생리의학상 수상)를 비롯한 여러 연구자들이 발견했다. 이 효소는 DNA 끝부분의 모양이 일치하기만 하면 두 DNA를 결합시켜 하나의 긴 DNA로 이어붙이는 기능을 한다.

DNA를 잘라서 조각으로 만들 수 있는 제한효소는 발견된 순서대로 제1형, 제2형, 제3형이 있으나 연구실에서 쉽게 이용 가능한 것은 제2형이다. 1958년 스위스의 미생물학자 베르너 아르버(Werner Arber)에 의해 발견된 제1형 제한효소는 DNA를 절단하기는 하나 특정 부위를 절단하지는 못하므로 그 기능을 예측하여 사용할 수가 없다. 1970년 미국의 미생물학자 해밀턴 스미스(Hamilton Smith)는 인플루엔자균으로부터 DNA 특정 부위를 절단하는 효소를 순수 분리했으며, 특징적으로 대칭적 서열을 지닌 특정 DNA 부분을 절단한다는 사실을 발견했다. 이로써 긴 DNA 분자에서 자르고 싶은 특정 부위를 예측하여 절단하는 것이 가능해졌다. 이후 수많은 연구자들에 의해 여러 가지 세균에 존재하는 제2형 제한효소가 계속 분리되었으며, 현재까지 1,000개가 넘는 종류가 알려져 있다. 세균이 이와 같은 제한효소를 가지고 있는 것은 바이러스가 세균을 침입하는 경우 면역기능이 없으므로 대항을 하지 못하는 것에 대한 보상이라 할 수 있다. 이런 단백질이라도 가지고 있어야 침입한 DNA를 절단하여 못 쓰게 할 수 있는 것이다.

제한효소의 발견은 유전자 재조합을 비롯하여 연구자들이 DNA를 아주 편리하게 다룰 수 있게 해주었다. 1973년 미국의 유전학자 스탠리 코헨(Stanley Cohen)과 허버트 보이어(Herbert Boyer)는 인류 최초로 서로 다른 곳에서 기원한 두 유전자를 같은 제한효소로 절단한 다음 서로 바꿔서 이어붙임으로써 유전자 재조합 기술을 가능하게 했다. 인류 최초로 유전자 조작에 성공한 후 보이어는 1976년 유전자 조작 전문 회사인 제넨테크를 설립했다. 제넨테크는 사람 유전자를 박테리아에 주입하는 기술을 이용하여 1978년 사람 유전자 재조합을 통해 인간 인슐린을 최초로 합성해냈고 1979년에는 성장 호르몬을 생산함으로써 유전자 조작에 의한 치료제 개발의 길을 열었다. 유전자변형농산물이 나오기 전에 최초로 개발된 유전자 재조합 약이 바로 인슐린이다. 인슐린은 1921년 캐나다의 프레더릭 밴팅(Frederick Banting)이 발견한 혈당 조절 호르몬이다. 이 호르몬을 얻기 위해서는 돼지, 개 등의 췌장에서 인슐린을 분리해내야 했다. 따라서 생산비가 많이 들고, 분리 과정에서 돼지나 개가 가지고 있는 바이러스와 같은 병원체에 오염될 수 있다는 점이 문제였다. 유전자 재조합 약의 등장은 이와 같은 문제를 해결해줄 수 있었고, 20세기 후반에 증가하기 시작하던 당뇨병 치료에 큰 도움을 주었다.

그런데 〈사이언스〉지 1974년 7월호에 위험성이 정확히 파악될 때까지 재조합 DNA 연구를 자제하자는 광고가 게재되었다. 1975년 2월에는 세계적으로 이름 있는 분자생물학자 100여 명이 캘리포니아에 모여 재조합 DNA의 위험성에 대한 논의를 했다. 이때 학자들이 합의한 내용은 위험 가능성이 있는 DNA 클로닝 실험은 원칙적으로 금지하고, 유전적으로 시험관 밖에서는 성장이 안 되는 박테리아에만 제한적으로 사용하자는 것이었다. 이후로 미국을 포함한 몇몇 나라에서 유전자 재조합 기술의 사용을 제한하는 연구지침을 발표하는 등 아주 조심

스럽게 유전자 조작 시험을 수행했고, 지금까지 큰 위험성이 발견되지 않음으로써 연구 범위가 넓어져가고 있다.

파킨슨병은 1817년에 영국의 병리학자 제임스 파킨슨(James Parkinson)이 최초로 보고한 질병으로, 중추신경계가 퇴행되면서 사지와 몸이 떨리고 경직되는 증상이 나타난다. 질병이 진행될수록 머리를 조금씩 앞으로 내밀게 되고, 몸통과 무릎이 굽어 있는 자세를 취하게 된다. 손이 떨리고 보폭이 작아지며 동작이 느려진다. 얼굴은 가면처럼 무뚝뚝한 표정으로 바뀐다. 연령이 높을수록 발생 빈도가 높으며, 뇌의 시신경교차 부위의 절단면에서 전반적으로 세포가 오밀조밀하지 못하고 위축된 모습을 하고 있으며, 뇌의 흑색질 부위에 색소가 소실된 것을 볼 수 있다. 흑색질에서 대뇌 기저핵의 기능을 조절하기 위해 분비되는 신경전달물질인 도파민 감소로 인하여 이 질병이 발생한다.

파킨슨병은 오래전에는 비교적 희귀 질환에 속했으나 현재는 미국에서만 100만 명이 넘는 환자가 있을 것으로 추정되며, 매년 새로운 환자가 6만 명씩 발생한다는 보고도 있을 정도로 유병률이 증가하고 있는 질병이다. 치료 방법으로는 부족한 도파민을 투여하는 것을 생각해볼 수 있으나 도파민이 대뇌로 제대로 전달되지 못하므로 전구체를 투여하여 대뇌에서 도파민으로 대사되도록 하는 방법을 사용한다. 하지만 기대만큼 좋은 결과를 얻지 못해 난치병으로 여겨지고 있다.

그런데 2007년 유전자 치료법을 통해 파킨슨병을 치료할 수 있을 것이라는 연구 결과가 발표되었다. 뇌에서 도파민을 생성하는 세포가 죽는 현상을 정지시키거나 느리게 할 수 있는 단백질이 발견된 바 있는데 그중 하나인 GDNF(Glia-Derived Neurotrophic Factor)를 임상적으로 치료에 이용하기 위한 연구를 진행해온 바 있다. 이미 임상시험에 들어간 이 방법은 새로운 치료법 개발에 대한 기대를 걸게 했으나 지금까지는 기대에 미치지 못하는 결과만을 얻었을 뿐인데 최근에 파킨슨병과 관련 있는 성장인자를 만들어낼 수 있는 유전자를 이용하여 치료할 수 있다는 연구 결과가 제시되기도 했다.

방법은 아데노연관 바이러스(Adeno-Associated Virus, AAV)를 이용하여 표적이 되는 성장인자를 만들어낼 수 있는 유전자를 손상된 대뇌 세포에 전달하게 함으로써 파킨슨병을 치료하는 것이다. 파킨슨병에 사용하는 뉴투린(neurturin) 유전자는 GDNF와 아주 밀접한 관련이 있는 유전자로 머리뼈에 작은 구멍을 뚫은 후 바늘을 이용하여 AAV에 클로닝한 유전자를 직접 주사하는 방법을 이용했다.

의학에서 널리 이용되고 있는 치료법으로는 약물, 수술, 방사선 치료, 호르몬 요법 등이 있으며 20세기 후반부터 유전자 치료법을 비롯한 새로운 치료법이 속속 개발되고 있으나 뚜렷한 족적을 남긴 신개념의 치료법은 아직 등장하지 않고 있는 시점에서 파킨슨병 환자들에게는 희망이 될 만한 소식이다.

유전자 치료법은 1990년 중증복합형면역부전증에 걸린 1세 영아에게 최초로 시도한 바 있다. 당시만 해도 첫 시도이니만큼 미국 보건당국은 수많은 검증작업을 거쳐서 이 아기를 최초의 유전자 치료 대상자로 선정했다. 이 병에 걸린 환자들은 보통 2년을 넘기지 못했는데 이 아기는 10년 이상 비교적 건강하게 생존함으로써 미래에 유전자 치료법이 보편화될 수 있을 것이라는 가능성을 보여주기도 했다. 1990년대 중반부터 수많은 유전자 치료법이 실제 환자에 적용되었음에도 불구하고 이렇다 할 결과는 아직 나오지 않고 있지만 실패를 통해 새로운 학문적 지식을 쌓아가면서 최근에는 가능성 있는 연구 결과가 계속해서 발표되고 있으므로 멀지 않은 장래에 유전자 치료법이 유전적인 장애를 지닌 환자들에게 새로운 치료법으로 널리 이용될 수 있을 것이라는 희망을 가지게 한다.

백신으로 암을 정복할 수 있을까?

사람의 몸은 하나하나의 세포(cell)가 모여 조직(tissue)을 이루고, 조직이 모여 장기(organ)를 이루며, 장기가 모여 하나의 큰 기능을 수행하는 계통(system)을 이룬다. 소화기 계통, 순환기 계통 등이 여기에 해당하며, 소화기 계통을 예로 들면 위, 간, 창자 등의 장기들로 이루어져 있다. 위에서 분비되는 물질에는 염산, 소화액, 위점막을 보호하는 점액소(mucin) 등이 있으며, 이들 물질을 분비하는 세포는 위에 위치해 있다는 공통점이 있지만 사실은 서로 다른 세포다.

이와 같이 사람의 몸에는 수많은 종류의 세포가 존재하고 있다. 아기가 태어나서 어른으로 자라는 것은 아기 몸속의 세포가 분열하여 그 수가 늘어나기 때문이며, 정상적인 세포는 보통 30회 정도 분열을 하면 스스로 죽음을 선택하여 사라지게 된다. 그런데 죽어야 할 순간에 죽지 않고 필요 이상으로 오래 살아 있다는 것은 인체가 가진 통제기전을 벗어났다는 뜻이 된다. 우리 몸을 우리가 마음대로 통제하지 못하면 심각한 현상이 초

래될 수 있으며, 사라져야 할 세포가 계속 살아남아서 덩어리가 점점 커지는 현상을 종양이라 한다. 종양은 덩어리를 이루는 세포가 어떤 성질을 지니느냐에 따라 악성과 양성으로 구분할 수 있으며, 악성 종양을 흔히 암이라 한다.

암은 예로부터 불치의 병 또는 난치의 병으로 여겨졌으므로 암 진단을 받게 되면 우선은 죽음의 공포에 휩싸이는 경우가 많다. '암은 치료될 수 있을까?'라는 질문의 정답은 '종류에 따라 다르다'이다. 우리 몸에 있는 다양한 종류의 세포 중 어느 세포가 죽어야 할 순간에 죽지 않고 살아남아 덩어리가 계속 자라는가에 따라 암의 예후가 달라질 수 있으며, 같은 종류의 암이라 해도 일찍 발견하느냐 늦게 발견하느냐에 따라 예후가 달라진다. 환자의 면역이나 건강 상태에 따라 예후가 다르기도 하고, 치료를 하는 경우 경험 많은 의사의 예상과 다른 결과를 보이는 경우도 있다.

미국에서는 우주개발비에 맞먹는 거액을 암 연구에 쏟아부어왔다. 하지만 진단 후 5년간 생존하는 비율이 점점 높아지고 있어 가까운 미래에 암을 해결할 수 있을 거라는 기대만 있을 뿐 암을 근본적으로 해결할 수 있는 획기적인 방법은 아직 발견되지 않고 있다. 암의 종류가 워낙 다양하므로 실제로는 하나의 병이 아닌 암에 대하여 모든 암에 적용할 수 있는 치료법을 찾아내겠다는 것은 만병통치약을 찾는 것에 비유할 수도 있다.

한편 90년대 이후로 백신으로 암을 예방하려는 연구가 계속 진행 중이다. 불과 100년 전만 해도 가장 무서운 병이었던 전염병을 예방할 수 있게 된 것은 백신의 발견 때문이다. 우리가 알고 있는 백신은 한 가지 전염병에 대해 그 병원체를 인식할 수 있도록 면역기능을 자극함으로써 추후에 실제로 감염되었을 때 면역기능을 효과적으로 유도하기 위한 목적으로 사용한다. 그러므로 암은 서로 다른 기전에 의해 발생하는 수많은 종류가 있는데 이를 한 번의 예방접종으로 예방한다는 것이 어떻게 가능한 일인지 의문이 생길 수 있다. 오래전에 의학을 공부한 사람들은 생각하기 어려운, 어쩌면 의학의 판도를 바꿀 수도 있는 내용이 아닐 수 없다.

두 가지 서로 다른 세포를 뭉쳐서 하나로 만드는 세포 융합 기술은 1960년대부터 현실이 되기 시작했다. 이 기술을 이용하여 암 세포와 정상 세포를 융합하면 암 세포가 될까? 정상 세포가 될까?

과학에서는 답이 뻔하다고 생각되더라도 실제로 실험과 관찰을 통해 확인을 해야 진리가 된다. 미국의 윌리엄 콜리(William Coley)는 실험을 통해 암 세포와 정상 세포를 융합할 경우 정상 세포가 되는 걸 발견했지만 그 이유를 알지는 못했다. 이 실험을 하기 오래전인 1890년 그는 많은 암환자들이 급성 세균성 감염에 이환되는 경우 종양의 크기가 줄어든다는 사실을 발견했다. 콜리는 이 이유를 알아내기 위해 수십 년간 연구를 한 후 종양의 크기가 줄어드는 것이 감염과 상관이 있다는 결론을 내렸다. 이를 암 치료에 응용하기 위해 살아 있는 세균을 암환자에게 주입했고, 환자의 증세가 회복되는 것을 볼 수 있었다. 콜리는 몇 가지 세균을 혼합하여 주입하는 방법으로 암환자들을 치료할 수 있는 안전하고도 효과적인 방법을 자신의 실험노트에 기록해놓았다. 그러나 이론이 뒷받침되지 못한 단순한 관찰 결과였으며, 제대로 된 논문으로 발표하지도 않았으므로 널리 알려지지 못한 채 잊혀지고 말았다.

유품을 정리하다 우연히 아버지의 실험노트를 발견한 콜리의 딸 헬렌 콜리 너츠(Helen Coley Nauts)는 과학자가 아니었지만 아버지의 발견이 학문적으로 의미가 있을 것이라는 확신을 가지고 과학적 근거를 찾기 위해 노력했다. 후원자들의 도움을 받아 1953년 뉴욕 맨해튼 브로드웨이 55번가에 암의 면역치료법을 정립하기 위한 암연구소(Cancer Research Institute, CRI)를 설립했다. 이 연구소에서는 암과 관련된 여러 가지 면역학적 방법에 대한 연구를 진행하여 가능성 있는 결과를 계속 얻고 있으며, 지금은 여러 종류의 암을 동시에 예방할 수 있는 암 백신 개발을 앞두고 있다. 그리하여 윌리엄 콜리는 '면역치료의 아버지'라는 별명을 가지게 되었다.

암연구소의 연구진을 비롯해 면역치료법을 통해 암을 해결하려는 시도를 한 연구자들의 첫 목표는 인체 내에서 면역기능을 담당하는 T세포가 가진 암에 대한 방어능력을 극대화하는 것이었다. 이를 위해 초기에는 T세포의 기능을 향상시킬 수 있는 물질을 외부에서 투여하는 방법 등을 사용했다. 지금은 B세포의 기능을 활성화하는 방법을 사용하기도 한다. 이는 특정 질환을 대상으로, 후천적으로 생겨난 특이성을 지닌 면역을 향상시키는 방법에 해당한다. 암의 종류에 따라 분비되는 암 관련 항원이 다르므로 이 항원에 대한 항체를 주입하여 암 세포의 성장을 억제하는 것이 B세포의 기능을 활성화하여 암을 치료하려는 연구자들의 생각이다. 이보다 늦게 연구되기 시작한 암 면역치료법으로 가지세포(dendritic cell)의 기능을 활성화하는 방법도 있다. 가지세포는 표면에 있는 주요조직 적합 복합체(major histocompatibility complex, MHC)를 이용해 항원에 대한 면역반응을 강화하는 기능을 한다.

암 세포와 정상 세포를 융합했을 때 정상 세포가 되는 것을 발견한 콜리는 그 원리를 설명할 수 없었지만 지금은 인체에서 비특이적으로 일어나는 면역기전에 의해 종양 발생이 억제된 것으로 설명하고 있다. 감염성 질환이 발생한 경우에 비특이적인 면역기전이 활성화하여 암에 대한 저항성이 커지는 것과 같은 원리다. 20세기 후반에 면역 담당 세포들의 기전을 향상시켜 질병을 해결하려는 면역치료법이 등장하면서 현재는 암 이외에도 알레르기, 파킨슨병, 치매, 당뇨병 등 수많은 질병에 이 방법을 응용한 연구가 진행되고 있다.

소아마비를 일으키는 폴리오 바이러스를 조작하여 암이나 후천성면역결핍증후군을 비롯한 여러 가지 질병에 대한 백신을 만들 수 있는 가능성을 확인하는 등 흥미로운 연구 결과가 꾸준히 발표되고 있다. 현재 슬론캐터링 연구소와 미국 국립보건원(National Institute of Health, NIH) 등 저명한 암 연구기관은 물론, 암 백신에 관심을 가진 많은 연구자들과 수많은 벤처회사 및 제약회사들이 암 백신 개발에 뛰어들고 있다.

넓은 의미에서 암 백신에 포함되는 것이 자궁경부암 백신이다. 자궁경부암은 암 중에서 치료가 어렵지 않은 편에 속하지만 치료를 하지 않고 그대로 두면 목숨을 잃을 수도 있는 암이다. 무슨 암이든 예방이 제일 좋지만 예방되지 않고 발생하는 경우에는 조기 진단이 중요하다. 자궁경부암은 일찍부터 조기 진단이 가능해진 것이 비교적 예후가 좋은 암으로 남아 있는 가장 큰 이유다.

자궁경부암을 조기에 진단하는 방법은 1928년 그리스 출신의 미국 의사 게오르요스 파파니콜라우(Georgios Papanikolaou)가 개발했다. 그의 이름을 따서 이 검사 방법을 팹 스미어(Pap Smear, 자궁경부세포도말검사)라고 부른다. smear('바르다', '묻다'라는 뜻)라는 단어는 자궁 경부의 세포를 채취해 유리 슬라이드에 바른 후 현미경으로 세포의 이상 유무를 검사하는 과정에서 유래했다. 1928년이라면 기생충이 암의 원인으로 여겨지던 시절이었다. 파파니콜라우의 방법은 여성의 질 내부에 기구를 넣어 세포를 채취한다는 점에서 의학계의 비판을 받기도 했다.

자궁경부암은 1기 초에 발견되면 5년 생존율이 100퍼센트라는 주장이 있을 정도로 치료가 쉽다. 2기 말에 치료를 시작하더라도 수술과 방사선요법 등을 이용하여 60퍼센트 이상 치료 가능한 것으로 알려져 있다. 무슨 암이든 치료율을 높이려면 조기 검진이 무엇보다 중요한데 자궁경부세포도말검사는 조기 검진을 가능하게 했다는 점에서 아주 효과적인 방법이다. 그런데 최근에는 예방 백신을 이용하여 자궁경부암으로부터 완전히 해방되려는 노력이 이루어지고 있다.

1970년대에 피부에 발생하는 사마귀의 원인이 바이러스라는 사실이 밝혀졌다. 1972년 폴란드의 스테파니아 야블론스카(Stefania Jabłońska)가 바이러스가 피부암의 전구단계인 사마귀 양표피이형성증을 야기한다는 걸 발견한 것이다. 이 바이러스가 바로 인간유두종바이러스(Human Papilloma Virus, HPV)이다. 지금은 이 바이러스의 종류가 150가지 이상 있다는 사실이 알려져 있다. 1976년에는 독일의 하랄트 하우젠(Harald Hausen)이 인간유두종바이러스가 자궁경부암과 관련 있다는 사실을 처음 발표했다. 1983년과 1984년에는 인간유두종바이러스의 16형과 18형이 각각 자궁경부암을 일으킨다는 사실도 추가로 발표했다.

암의 원인은 다양하다. 자궁경부암이 100퍼센트 인간유두종바이러스 감염에 의해 발생한다고 할 수는 없지만 환자의 99.7퍼센트에서 이 바이러스가 발견되었다. 자궁경부암 백신의 원리는 자궁경부암이 인간유두종바이러스에 감염된 세포가 암 세포로 바뀌면서 발생하므로 백신으로 이들 바이러스로 인한 감염을 예방하는 것이다. 앞서 설명한 콜리의 암 백신과는 작용 기전이 다르다.

의사와 병원의 미래

200년 전, 의사를 제외하고 병원에서 일하는 사람은 역할이 천차만별인 조수밖에 없었다. 1853년에 크림 전쟁이 일어나자 나이팅게일을 비롯한 많은 여성들이 헌신적으로 병사들을 돌본 결과 사망률을 크게 줄일 수 있었다. 전쟁이 끝나자 나이팅게일은 자신이 행한 활동을 지속적으로 할 수 있도록 간호학교를 설립했고, 이것이 간호사라는 전문 직종의 탄생으로 이어졌다.

그로부터 약 160년이 지나는 동안 의료와 관련된 다양한 직업들이 생겨났다. 치과 의사, 물리치료사, 작업치료사, 임상병리사, 방사선사 등 전문성을 지닌 직업으로 분화되었다. 우리나라에서는 아직 제도화되지 않았지만 다른 나라에서는 kinesiologist(굳이 번역하면 운동사)와 같은 직종이 의료계에서 활동하고 있으므로 앞으로도 새로운 직종의 의료인이 생겨날 것으로 예상된다.

100년 전에는 살바르산, 아스피린, 키니네 등 사용되는 약이 많지 않았으므로 약을 다루는 업자는 있었지만 약사라는 직업은 없었다고도 할 수 있다. X선 사진을 찍어서 몸 내부를 들여다보기는 했지만 그 사진으로 얻을 수 있는 지식도 많지 않았다. 내과와 외과를 구분하기는 했지만 병원에서는 의사들의 관심사에 따라 진료를 했을 뿐 전문과목을 따로 구분하지는 않았다.

50년 전, 약 종류가 그 전보다 훨씬 많아졌다. 이때쯤 10^{-6}에 해당하는 마이크로 단위로 물질 검출이 가능해져서 혈액에서 얻을 수 있는 정보가 점점 많아졌다. CT나 초음파 같은 새로운 영상술이 활용을 앞두고 있었지만 혈압을 재는 일은 의사 또는 간호사의 업무였다. 진단을 위해 현미경으로 관찰하는 일은 이미 보편화되었다. 전자현미경을 이용한 연구가 시작되고 있었고 앞으로 활용 가치가 얼마나 많을지는 모르는 상태에서 얻을 수 있는 정보는 점점 많아지고 있었다.

오늘날에는 큰 병원에 가면 무슨 과에 가서 어떤 의사를 만나야 하는지 선택하기가 어렵다. 관절통이 있을 때 X선 사진으로 통증의 원인을 찾지 못하면 CT, MRI로 새로운 사진을 찍거나 초음파 사진을 찍어보기도 한다. 각 영상술은 잘 볼 수 있는 소견이 서로 다르므로 한 가지 진단을 위해 여러 사진을 찍어야 하는 경우가 있다. 암 세포를 찾기 위해 PET를 하기도 하고, 세포의 기능 활성을 알아보기 위해 4차원 사진을 찍기도 한다. 피 한 방울만 있으면 그 피가 누구의 것인지를 알아내는 것은 물론이고 거의 모든 유전정보를 얻을 수 있다. 다리를 잃은 이에게 새로운 다리를 만들어줄 수도 있고 귀에 기구를 삽입하여 소리를 듣게 해줄 수도 있다. 인공으로 만든 심장을 고장 난 심장과 바꾸어 생명을 연장하기도 하고, 250킬로그램이 넘을 정도로 비만하여 생명의 위협을 받는 사람들은 위를 잘라내는 수술을 함으로써 체중을 뺄 수 있게 한다. 왕진을 하는 의사는 거의 볼 수 없게 되었고, 청진기를 사용하는 빈도도 50년 전보다 훨씬 줄어들었다.

지금으로부터 50~200년 전에 오늘날의 병원과 의사의 모습을 예측하는 일은 불가능했을 것이다. 그렇다면 지금부터 50년 후에는 병원과 의사의 모습이 어떻게 바뀔까? 2016년 구글에서 만든 알파고가 이세돌과의 바둑 대결에서 4 대 1로 승리를 거두면서 인공지능이 생각보다 성능이 아주 뛰어나고, 앞으로 사람이 하고 있는 많은 일이 인공지능에 의해 대체될 것이라는 이야기가 나오기 시작했다. 구글에서 왜 이런 이벤트를 마련했는지에 대해서 제대로 설명을 하지는 않았는데 일각에서는 IBM에서 제작한 닥터 왓슨과 경쟁해야 할 알파 닥터를 개발해 놓은 구글이 닥터 왓슨이 선점한 시장에 진입하기 위해 벌인 이벤트였다는 소문이 있기도 했다. 그후로 우리나라 많은 병원에서 닥터 왓슨을 도입하여 활용하기 시작했다. 아직까지는 의과대학생이 외워야 할 게 많다고 투덜거리는 일이 흔하지만 인공지능과 맞대결을 할 수는 없으니 앞으로는 외우는 대신 인공지능 활용법을 공부해야 할 것이다. 우리나라에서 닥터 왓슨을 도입하는 병원이 늘어나면서 의료행위에서 도움을 받는 것은 바람직한 일이지만 이를 이용하면 할수록 한국인들의 중요한 정보가 IBM으로 다 넘어가는 것이 아닌가 하는 우려가 제기되고 있다. 정보가 많이 입력될수록 빅데이터를 이용하여 새로운 정보를 얻는 일이 가능해지므로 의학에서 활용이 어느 정도로 가능해질 것인가에 대해서는 예측하기가 쉽지 않다.

1990년에 시작된 인간 유전체 분석은 전 세계에서 약 30억 달러의 비용과 수많은 과학자들의 노력에 의해 14년에 걸쳐 완전히 해독을 할 수 있었다. 연구 과정에서 예상보다 시간과 비용이 더 들었지만 일단 물길이 터지자 23andMe 회사는 이 가운데 관심이 있는 부분만을 해독하여 자신의 질병 발생 가능성과 유전 정보를 해독하는 서비스를 시작했다. 지금은 원하는 정보의 양에 따라 99~499달러에 이용할 수 있다. 또 일루미나 회사는 1,000달러 이하에 개인의 전체 유전체 정보를 해독해주는 서비스를 하고 있으며 앞으로는 100달러의 저렴한 비용으로 24시간 안에 결과를 받아볼 수 있을 것으로 예상하고 있다. 장차 정밀의료가 보편화하면 유전체 정보를 이용해야 할 것이고, 이는 질병 진단 및 예측에 널리 이용될 수 있을 것으로 기대된다. 이 해독 결과를 개인에게 의사가 직접 설명할지, 설명해주는 직업이 새로 생겨날지, 해독과 동시에 개인이 이해할 수 있도록 컴퓨터가 정보를 제공하고 인쇄해주게 될지는 확실치 않으나 유전체 정보가 의학에서 널리 이용될 것임은 확실하다. 여기에 더하여 지금은 연구가 덜 되어서 유전체 해독을 해도 알지 못하는 DNA 서열이 미래에는 중요한 정보를 제공해줄 가능성도 있다. 그렇게 되면 개인별 맞춤의료가 가능해질 것으로 기대된다.

예를 들어 왼쪽 팔이 부러졌다고 치자. 아주 작은 것을 제외하고도 15개 이상의 조각이 생겼다. 이를 본 의사는 난감한 표정을 지었다. 크기가 일정한 15개 퍼즐 맞추기는 쉽게 할 수 있겠지만 크기가 서로 다르고 아주 작은 조각은 사용하기가 곤란한 상태에서 어떻게 뼈를 맞추어 제대로 기능을 할 수 있게 할지 답이 안 나오기 때문이었다. 가까운 미래에 의사의 고민은 사라지게 될 것이다. 오른팔을 이용하여 거울상으로 삼차원 프린팅을 함으로써 뼈를 만드는 일이 가능해질 것이기 때문이다. 현재는 삼차원 프린팅으로 인체와 같은 모양을 얻는 것은 쉽지만 기능까지 하게 하는 것은 어려우므로 뼈와 물렁뼈 등 한정된 목적으로만 시도되고 있다. 그러나 앞으로는 분명 합성 가능한 장기나 조직이 많아질 것이므로 인체의 일부를 삼차원 프린팅으로 얻는 일이 보편화할 것이다.

만성질환자가 늘어나면서 약을 매일 제시간에 꾸준히 복용하는 것이 중요해졌다. 환자가 약을 제대로 복용하지 않으면 의사가 약의 효과를 판단하고, 치료계획을 세우거나 바꾸기가 어렵다. 일본의 한 회사는 칩을 달아서 약이 환자의 목을 통과

할 때 의사의 컴퓨터로 약을 먹었다는 정보를 전달하는 기술을 개발하기도 했다.

이외에 유전자 가위 기술을 이용하여 유전자를 조작할 수 있게 됨으로써 건강을 해치는 유전자 이상을 쉽게 바로잡는 일이 가능해지는 등 지금 상상할 수 있는 일과 상상 밖에 있는 일들이 어우러져 다양한 방법으로 활용이 될 것이다.

이제 의사가 되기 위해 공부를 하는 학생들이 새로운 의학 지식을 머릿속에 넣는 것은 더 이상 의미가 없는 일이 되어가고 있다. 따라서 반드시 알아야 할 기본적인 내용을 습득한 후에는 새로운 정보를 얻는 방법, 새로운 정보를 처리하여 더 높은 수준의 지식을 만들어내는 방법, 서로 협심하여 시너지 효과를 낼 수 있도록 의사 결정을 하는 방법 등을 습득한 의사를 양성한 후 인공지능에 담겨 있는 지식을 활용하여 더 높은 역할을 할 수 있도록 해야 한다.

미래는 알 수 없으며, 미래를 대비하는 것은 어려운 일이다. 분명한 것은 지금까지의 발전 속도보다 더 빠른 속도로 의사와 병원이 바뀌어갈 것이며, 그 방향은 누구에게나 편리하고, 건강을 지키기에 더 좋은 쪽으로 향할 것이다.

1장

한정선, 「환경부 장관 "건강한 사람은 미세먼지 걱정 안 해도 돼"」, 이데일리, 2016년 6월 22일자

세계보건기구 홈페이지 https://www,who,int/about/who-we-are/frequently-asked-questions [2020, 5, 9 확인]

Harold Ellis, Sala Abdalla, A History of Surgery (3rd edi), CRC Press, 2018

쿤트 헤거, 『수술의 역사』, 김정미 역, 이룸, 2005

임재준, 『가운을 벗자』, 일조각, 2011

Farraj R, Baron JH, Why do hospital doctors wear white coats?, Journal of the Royal Society of Medicine, 84:43, 1991

공인덕, 예병일, 「고산 등산가들이 '비아그라'를 찾는 이유는?」, 프레시안, 2011

Puterman E, Lin J, Blackburn E, O'Donovan A, Adler N, Epel E, The power of exercise: buffering the effect of chronic stress on telomere length, PLoS One, 5(5):e10837, 2010

Yeh BI, Kong ID, The Advent of Lifestyle Medicine, Journal of Lifestyle Medicine, 3(1):1-8, 2013

2장

서울대한국의학인물사편찬위원회, 『한국의학인물사』, 태학사, 2008

서재필기념회, 『선각자 서재필』, 기파랑, 2014

John Harold Talbott, A biographical history of medicine: Excerpts and essays on the men and their work, Grune & Stratton, 1970

에이브러햄 플렉스너, 『플렉스너 보고서』, 김선 역, 한길사, 2005

Roy Porter, The Cambridge History of Medicine, Cambridge University Press, 2006
한국보건의료인국가시험원 홈페이지 http://www.kuksiwon.or.kr/Publicity/Intro.aspx?PageName=History&SiteGnb=1&SiteLnb=3 [2020. 5. 9 확인]

3장

아커크네히트, 『세계의학의 역사』, 허주 역, 지식산업사, 1987
예병일, 『의학사 노트』, 한울엠플러스, 2017
John Harold Talbott, A biographical history of medicine: Excerpts and essays on the men and their work, Grune & Stratton, 1970
Pete Moore, Blood and Justice: The 17 Century Parisian Doctor Who Made Blood Transfusion History, Wiley, 2007
예병일, 『내 몸을 찾아 떠나는 의학사 여행』, 효형출판, 2009

4장

John Thomson, Grace Goldin, The hospital: A social and architectural history, Yale University Press, 1975
로이 포터, 『의학 콘서트』, 이충호 역, 예지, 2007
사라 네틀턴, 『건강과 질병의 사회학』, 조효제 역, 한울아카데미, 2018
예병일, 「인공지능시대에 더 중요해질 침상 옆 교육」, 의학교육논단, 18(2):58-64, 2016
아커크네히트, 『세계의학의 역사』, 허주 역, 지식산업사, 1987

박재영, 『개념 의료』, 청년의사, 2013
예병일, 삼성의료원사보, 2012, 3 · 4월호

5장

한국의료윤리학회, 『의료윤리학』 3판, 학지사메디컬, 2015
예병일, 『의학, 인문으로 치유하다』, 한국문학사, 2015
에릭 토폴, 『청진기가 사라진다』, 이은, 박재영, 박정탁 역, 청년의사, 2012
이정환, 「의협, 원격의료 시범사업 공보의 강제동원 강력 규탄」, 의협신문, 2019년 9월 26일자
Do Thi NA, Saillour P, Ferrero L, Paunio T, Mallet J, Does neuronal expression of GDNF effectively protect dopaminergic neurons in a rat model of Parkinson's disease? Gene Therapy, 14(5):441-50, 2007
Cancer Research Institute 홈페이지 https://www,cancerresearch,org/immunotherapy/what-is-immunotherapy [2020, 5, 9 확인]
노벨재단 홈페이지 https://www,nobelprize,org/prizes/medicine/2008/hausen/facts [2020, 5, 9 확인]